Christian Greve

Galoisgruppen von Eisensteinpolynomen über p-adischen Körpern

Christian Greve

Galoisgruppen von Eisensteinpolynomen über p-adischen Körpern

Theorie und Berechnung

Südwestdeutscher Verlag für Hochschulschriften

Imprint
Any brand names and product names mentioned in this book are subject to trademark, brand or patent protection and are trademarks or registered trademarks of their respective holders. The use of brand names, product names, common names, trade names, product descriptions etc. even without a particular marking in this work is in no way to be construed to mean that such names may be regarded as unrestricted in respect of trademark and brand protection legislation and could thus be used by anyone.

Publisher:
Südwestdeutscher Verlag für Hochschulschriften
is a trademark of
Dodo Books Indian Ocean Ltd., member of the OmniScriptum S.R.L Publishing group
str. A.Russo 15, of. 61, Chisinau-2068, Republic of Moldova Europe
Printed at: see last page
ISBN: 978-3-8381-2674-6

Zugl. / Approved by: Paderborn, Universität Paderborn, Dissertation, 2010

Copyright © Christian Greve
Copyright © 2011 Dodo Books Indian Ocean Ltd., member of the OmniScriptum S.R.L Publishing group

Für Julia
Ich liebe Dich.

Inhaltsverzeichnis

1 Einleitung   3

2 Grundlagen   7

    2.1 Erweiterungen p-adischer Körper 7

    2.2 Newton-Polygone 12

    2.3 Allgemeine Galois- und Gruppentheorie 14

    2.4 Lokale Klassenkörpertheorie 16

    2.5 Komplexität von Algorithmen 18

3 Zahm verzweigte Erweiterungen   21

    3.1 Unverzweigte Erweiterungen 21

    3.2 Zahm verzweigte Erweiterungen 22

    3.3 Galoisgruppenberechnung 27

4 Newton-Polygone   29

    4.1 Die Faktorisierung zum Newton-Polygon 29

    4.2 Assoziierte Polynome 31

    4.3 Das Verzweigungspolygon 34

4.4	Teilkörper zum Verzweigungspolygon	42
4.5	Berechnung der Teilkörper	44

5 Zerfällungskörper   **49**

5.1	Ein Segment im Verzweigungspolygon	49
5.2	Reduktion zur p-Erweiterung	55
5.3	Berechnung von Zerfällungskörpern	65

6 Galoisgruppen   **75**

6.1	Ein Segment im Verzweigungspolygon	75
6.2	Ein Überblick: Galoisgruppen als Gruppenerweiterungen	87
6.3	Ein Algorithmus für zwei Segmente	92

7 Beispiele   **103**

7.1	Polynome mit einem Segment	104
7.2	Polynome mit zwei Segmenten	108
7.3	Bemerkungen zur Implementierung	112

Literaturverzeichnis   **113**

Kapitel 1

Einleitung

Die Galoistheorie ist knapp 200 Jahre nach Évariste Galois ein fester Bestandteil der Algebra und der algebraischen Zahlentheorie. Trotzdem ist die konkrete Berechnung der Galoisgruppe eines Polynoms noch immer ein schwieriges algorithmisches Problem.

Bei Polynomen über den rationalen Zahlen wurden in den letzten zehn Jahren große Fortschritte erzielt. Inzwischen sind in den gängigen Computer-Algebra-Systemen effiziente Verfahren zur Galoisgruppenberechnung implementiert. Sie basieren im Wesentlichen auf dem im Jahr 1973 vorgestellten Algorithmus von Stauduhar (siehe [40]), bei dem mit Approximationen der Nullstellen in $\mathbb{C}$ bzw. bei den neueren Varianten in (unverzweigten) Erweiterungen von $\mathbb{Q}_p$ für eine geeignete Primzahl p gerechnet wird.

Im Gegensatz dazu sind für Polynome über p-adischen Körpern noch keine allgemeinen Verfahren zur Bestimmung der Galoisgruppe bekannt. Die Methoden über $\mathbb{Q}$ lassen sich nicht ohne Weiteres übertragen, weil der Zugriff auf die Nullstellen über Approximationen nicht mehr möglich ist. Zur Zeit ist daher der Trivialansatz, durch sukzessives Faktorisieren des Polynoms den Zerfällungskörper zu bestimmen und dann Automorphismen zu berechnen, die einzige Möglichkeit. Dieser Ansatz ist jedoch nicht praktikabel, da Zerfällungskörper im Vergleich zum Polynomgrad sehr groß werden können.

Erweiterungen p-adischer Körper haben deutlich mehr Struktur als Erweiterungen globaler Körper und sind theoretisch gut verstanden. Es gibt z.B. nur endlich viele Erweiterungen zu jedem Grad, und jede Galoisgruppe ist auflösbar. Man unterscheidet zahm und wild verzweigte Erweiterungen. Für zahm verzweigte Erweiterungen gibt schon Helmut Hasse in Kapitel 16 seines Buches [12] die Galoisgruppe an.

Bei wilder Verzweigung ist die Situation deutlich komplizierter. Hier sind bisher nur die Galoisgruppen zu Erweiterungen einiger kleiner Grade über $\mathbb{Q}_p$ bekannt. Eine Online-Datenbank von John Jones und David Roberts enthält insbesondere alle Körper vom Grad 8 über $\mathbb{Q}_2$ und alle Körper vom Grad 9 über $\mathbb{Q}_3$ mit ihren Galoisgruppen (siehe [18]).

Wir werden uns in der vorliegenden Arbeit hauptsächlich mit der Galoisgruppenberechnung von Eisensteinpolynomen über Erweiterungskörpern von $\mathbb{Q}_p$ befassen, deren Grad von p geteilt wird. Sie erzeugen rein verzweigte Erweiterungen mit wild verzweigten Anteilen. Diese Erweiterungen kommen mit Abstand am häufigsten unter allen Erweiterungen des jeweiligen Grades vor.

Wichtigstes Werkzeug zur Untersuchung der Eisensteinpolynome wird ein spezielles Newton-Polygon sein. Wenn α eine Nullstelle des Eisensteinpolynoms $f(x)$ vom Grad n ist, dann heißt das Newton-Polygon von

$$\frac{f(\alpha x + \alpha)}{\alpha^n x}$$

Verzweigungspolygon von $f(x)$. Es wurde erstmalig von Krasner in [22] betrachtet und ist eng mit der „Verzweigungsstruktur" der zugehörigen Körpererweiterung verbunden. Bei einer galoisschen Erweiterung mit Gruppe G beschreibt es exakt die Reihe $G \geq G_1 \geq G_2 \geq \ldots \geq G_\ell = \{\mathrm{id}\}$ der Verzweigungsgruppen von G. Wir untersuchen ausführlich, welche Informationen das Verzweigungspolygon zum Zerfällungskörper und zur Galoisgruppe des Polynoms liefert, und beschreiben, wie man diese zur Berechnung der Gruppe ausnutzen kann.

Dabei klassifizieren wir die Eisensteinpolynome nach der Anzahl der Segmente in ihrem Verzweigungspolygon. Für Polynome mit einem oder zwei Segmenten entwickeln wir komplette Algorithmen zur Bestimmung der Galoisgruppe. Für Polynome mit mehr als zwei Segmenten zeigen wir, wie man mit Hilfe des Verzweigungspolygons die Berechnung des Zerfällungskörpers beschleunigen kann. Ein Spezialfall der einsegmentigen Situation wurde schon von David Romano in [36] betrachtet.

Im Folgenden geben wir einen kurzen Überblick über den Aufbau dieses Buches und die Hauptergebnisse:

Nach einer kurzen Zusammenfassung der nötigen Grundlagen zu p-adischen Körpern, Newton-Polygonen und Galoistheorie in Kapitel 2 setzen wir in Kapitel 3 die bekannten theoretischen Beschreibungen der Galoisgruppe einer zahm verzweigten Erweiterung algorithmisch um. Das Ergebnis ist Algorithmus 3.1, der die Galoisgruppe einer beliebigen zahm verzweigten Erweiterung als endlich präsentierte Gruppe berechnet.

In Kapitel 4 untersuchen wir systematisch das Verzweigungspolygon eines Eisensteinpolynoms zusammen mit den sogenannten assoziierten Polynomen. Das sind Polynome über dem Restklassenkörper, die den einzelnen Segmenten eines Polygons zugeordnet werden können. Wir zeigen, dass es kanonische Teilkörper zum Verzweigungspolygon gibt und geben ein explizites Verfahren zu deren Berechnung an (Algorithmus 4.4). Diese Teilkörper entsprechen bei einer galoisschen Erweiterung den Verzweigungskörpern und im nicht-galoisschen Fall den Fixkörpern unter den höheren Verzweigungsmengen (vgl. z.B. [13]).

Danach befassen wir uns in Kapitel 5 mit den Zerfällungskörpern von Eisensteinpolynomen. Mit Hilfe des Verzweigungspolygons und der assoziierten Polynome können wir den Zerfällungskörper bei einem Segment komplett theoretisch beschreiben. Bei Polynomen mit mehreren Segmenten liefert das Polygon noch genügend Informationen, um einen Teilkörper des Zerfällungskörpers anzugeben, über dem nur noch eine p-Erweiterung zum Zerfällungskörper fehlt. Für diese „p-Reduktion" geben wir einen deterministischen Polynomzeitalgorithmus an, der ohne Rechnungen in einem p-adischen Körper auskommt (Algorithmus 5.1 und Satz 5.9). Darauf aufbauend entwickeln wir dann Verfahren zur Berechnung des maximalen abelschen Quotienten der Galoisgruppe eines Eisensteinpolynoms und des maximalen zahm verzweigten Teilkörpers des Zerfällungskörpers (Algorithmen 5.5 und 5.6). Dabei benutzen wir erstmals auch Methoden der lokalen Klassenkörpertheorie.

In Kapitel 6 nutzen wir die Ergebnisse zum Zerfällungskörper und entwickeln Algorithmen zur Berechnung der Galoisgruppe von Eisensteinpolynomen mit einem oder zwei Segmenten im Verzweigungspolygon. Algorithmus 6.1 für ein Segment rechnet ausschließlich in einem endlichen Körper $\mathbb{F}_q$ und bestimmt die Gruppe zu einem Polynom vom Grad p^m als Untergruppe der affin-linearen Gruppe $\mathrm{AGL}(m,p)$ bzw. als Gruppe von Permutationen des Vektorraums $(\mathbb{F}_p)^m$ (Satz 6.3). Das Verfahren ist polynomiell im Polynomgrad und in $\log q$, wenn ein Erzeuger der multiplikativen Gruppe $\mathbb{F}_q^\times$ bekannt ist (Satz 6.5). Damit lässt sich z.B. die Galoisgruppe des Polynoms

$$x^{81} + 3x^{80} + 3x^{70} + 3x^{60} + \ldots + 3x^{10} + 3 \in \mathbb{Q}_3[x]$$

in 0,07 Sekunden Rechenzeit bestimmen. Diese Gruppe hat Ordnung 2592 und ist gleich

$$\{t_{a,v} : (\mathbb{F}_3)^4 \to (\mathbb{F}_3)^4 : x \mapsto xa + v \mid a \in \langle S, T \rangle,\ v \in (\mathbb{F}_3)^4\}$$

mit

$$S = \begin{pmatrix} 1 & 0 & 2 & 2 \\ 2 & 1 & 0 & 1 \\ 1 & 2 & 1 & 1 \\ 1 & 1 & 2 & 2 \end{pmatrix} \text{ und } T = \begin{pmatrix} 1 & 0 & 0 & 0 \\ 0 & 0 & 0 & 1 \\ 1 & 1 & 1 & 1 \\ 0 & 2 & 1 & 1 \end{pmatrix}.$$

Algorithmus 6.3 für zwei Segmente ist deutlich aufwändiger. Das Verfahren benötigt Kohomologie-

Berechnungen sowie lokale Klassenkörpertheorie. Hier ist die Ausgabe eine endlich präsentierte Gruppe. Mit Algorithmus 6.3 ist z.b. die Berechnung der Galoisgruppe von

$$x^{25} + 2500x^{21} + 1380x^{20} + 40000x^{17} + 43600x^{16} + 11875x^{15} + 240000x^{13} + 382000x^{12}$$
$$+ 192400x^{11} + 30175x^{10} + 640000x^9 + 1320000x^8 + 942000x^7 + 266000x^6$$
$$+ 662400x^5 + 1600000x^4 + 1440000x^3 + 544000x^2 + 63500x - 4255 \quad \in \mathbb{Q}_5[x]$$

in 4,4 Sekunden möglich. Sie hat Ordnung 15625 und ist isomorph zum Kranzprodukt $C_5 \wr C_5$.

Alle Algorithmen wurden im Computer-Algebra-System MAGMA [5] implementiert und getestet. Im letzten Kapitel präsentieren wir schließlich zahlreiche Beispiele für die Galoisgruppenberechnung mit unseren Verfahren inklusive der entsprechenden Laufzeiten.

Danksagungen

Dieses Buch ist aus meiner Promotion bei Prof. Dr. Jürgen Klüners entstanden. Ihm möchte ich vor allem herzlich danken. Er hat mir dieses interessante Thema überlassen, stand jederzeit als Diskussionspartner zur Verfügung und war immer meine erste Adresse für Fragen aller Art.
Weiter danke ich Prof. Dr. Peter Müller für die Anfertigung des Zweitgutachtens und die Hilfe bei den additiven Polynomen sowie Prof. Dr. Sebastian Pauli für die angenehme Zusammenarbeit und die Einladung nach Greensboro.
Zu guter Letzt danke ich meinen Eltern, die mich während meiner gesamten Studienzeit unterstützt und gefördert haben.

Kapitel 2

Grundlagen

2.1 Erweiterungen p-adischer Körper

Wir geben einen kurzen Überblick über die Theorie der p-adischen Körper bzw. Körpererweiterungen und führen dabei für das gesamte Buch gültige Notationen ein. Für eine ausführlichere Einführung verweisen wir auf die Bücher [7] und [12]. In der Literatur werden die p-adischen Körper meist im allgemeineren Kontext von lokalen Körpern behandelt.

Definition 2.1
Eine Funktion ν von einem Körper K nach $\mathbb{Q} \cup \{\infty\}$ mit den Eigenschaften

a) $\nu(a) = \infty \Leftrightarrow a = 0$,

b) $\nu(a \cdot b) = \nu(a) + \nu(b)$,

c) $\nu(a+b) \geq \min\{\nu(a), \nu(b)\}$

für alle $a, b \in K$ heißt *exponentielle Bewertung* auf K.

Eigenschaft c) ist die ultrametrische Dreiecksungleichung und es gilt der Zusatz

$$\nu(a) \neq \nu(b) \Rightarrow \nu(a+b) = \min\{\nu(a), \nu(b)\}.$$

Für eine Primzahl p lässt sich jede rationale Zahl $a \neq 0$ als $a = p^k \frac{b}{c}$ darstellen, so dass p teilerfremd zu b und c ist. Die Abbildung ν_p, die jedem $a \in \mathbb{Q}$ den Exponenten k zuordnet, ist eine exponentielle Bewertung auf $\mathbb{Q}$ und heißt p-*Bewertung*. Vervollständigt man $\mathbb{Q}$ bezüglich des Betrages $|a|_p := p^{-\nu_p(a)}$, erhält man den Körper $\mathbb{Q}_p$ der p-adischen Zahlen. Ähnlich gelangt man durch die Vervollständigung bezüglich des Absolutbetrages zu den reellen Zahlen.

Definition 2.2
Ein Körper K heißt *p-adischer Körper*, wenn er ein Erweiterungskörper endlichen Grades vom Körper $\mathbb{Q}_p$ der p-adischen Zahlen ist.

Auch K ist wieder vollständig bezüglich einer exponentiellen Bewertung ν bzw. bezüglich des dazu korrespondierenden nicht-archimedischen diskreten Betrages (siehe unten).

Definition 2.3
Sei K ein p-adischer Körper mit Bewertung ν. Wir nennen
$$\mathcal{O}_K := \{\, a \in K \mid \nu(a) \geq 0 \,\}$$
Bewertungsring von K. Dabei handelt es sich um einen lokalen Ring mit maximalem Ideal
$$\wp := \{\, a \in K \mid \nu(a) > 0 \,\}.$$
Das Ideal $\wp$ heißt auch *Bewertungsideal* und ist ein Hauptideal. Wir wählen einen Erzeuger π und nennen ihn *Primelement* von $\mathcal{O}_K$ bzw. K. Weiter ist
$$\underline{K} := \mathcal{O}_K / \wp$$
der *Restklassenkörper* von K. $\underline{K}$ ist ein endlicher Körper und wir setzen $q := |\underline{K}|$. Für ein Element $a \in \mathcal{O}_K$ bezeichnen wir mit $\underline{a}$ die Restklasse $a + \wp$ in $\underline{K}$.

Unsere exponentielle Bewertung ν sei normalisiert, so dass $\nu(\pi) = 1$ ist. Wie vor Definition 2.3 angedeutet, lässt sich aus ν ein nicht-archimedischer diskreter Betrag konstruieren, indem man $|a| := q^{-\nu(a)}$ für jedes $a \in K$ definiert. Wir erwähnen den Betrag nur der Vollständigkeit halber. Bei allen Rechnungen in dieser Arbeit benutzen wir direkt die Bewertung ν.

Für gewöhnlich betrachtet man die Elemente eines p-adischen Körpers K als unendliche Reihen.

Satz 2.4
Sei $\mathcal{R}$ ein System von Repräsentanten der Restklassen von $\underline{K}$ in $\mathcal{O}_K$. Dann kann jedes Element $a \neq 0 \in K$ eindeutig in der Form
$$a = \sum_{i=\ell}^{\infty} a_i \pi^i \text{ mit } a_i \in \mathcal{R},\ \ell = \nu(a) \in \mathbb{Z} \text{ und } a_\ell \neq 0$$
dargestellt werden. Wir nennen die Reihe auch *p-adische Normalreihe* von a zum Restklassensystem $\mathcal{R}$ und zum Primelement π.

Beispiel 2.1 ($\mathbb{Q}_p$ und $\mathbb{Z}_p$)
Beim Körper $\mathbb{Q}_p$ ist ν die von ν_p induzierte Bewertung. Es gilt $\mathcal{O}_{\mathbb{Q}_p} = \mathbb{Z}_p$, $\wp = p\mathbb{Z}_p$ und

$\mathbb{Q}_p = \mathbb{Z}_p/p\mathbb{Z}_p \cong \mathbb{F}_p$. Jedes Element $a \neq 0 \in \mathbb{Q}_p$ kann als Reihe

$$\sum_{i=\ell}^{\infty} a_i p^i \text{ mit } a_i \in \{0, 1, \ldots, p-1\}$$

dargestellt werden. •

Ein sehr wichtiges Werkzeug beim Studium p-adischer Körper ist „Hensel's Lemma". Wir benutzen auch für ein Polynom $f(x) \in \mathcal{O}_K[x]$ die Notation $\underline{f}(x)$ für das Polynom über $\underline{K}$, dessen Koeffizienten die Restklassen der Koeffizienten von $f(x)$ sind (vgl. Definition 2.3).

Satz 2.5 (Hensel's Lemma)
Sei $f(x) \in \mathcal{O}_K[x]$. Wenn $\underline{f}(x)$ Produkt zweier teilerfremder, nicht-konstanter Polynome $g_1(x), g_2(x) \in \underline{K}[x]$ ist, dann existieren auch zwei teilerfremde Polynome $f_1(x), f_2(x) \in \mathcal{O}_K[x]$ mit

$$\text{Grad}(f_1(x)) = \text{Grad}(g_1(x)), \ \underline{f_1}(x) = g_1(x), \ \underline{f_2}(x) = g_2(x) \text{ und } f(x) = f_1(x) \cdot f_2(x).$$

Wenn $g_1(x)$ normiert ist, so kann auch $f_1(x)$ normiert gewählt werden.

Der Beweis von Satz 2.5 ist konstruktiv. Die Konstruktion der Faktorisierung über $\mathcal{O}_K$, ausgehend von der Faktorisierung über dem Restklassenkörper, wird auch als „Hensel-Lifting" bezeichnet.

Sei nun $f(x) \in K[x]$ ein normiertes, irreduzibles Polynom vom Grad n. Wir erhalten eine algebraische Erweiterung L von K vom Grad $[L:K] = n$ durch Adjunktion einer Nullstelle α von $f(x)$:

$$L = K(\alpha) \cong K[x]/f(x)K[x].$$

Für L/K benutzen wir auch die Sprechweise „von $f(x)$ erzeugte Erweiterung".

Es gibt genau eine Fortsetzung ν_L der Bewertung ν von K auf L. Sie ist durch

$$\nu_L(a) := \frac{\nu\left(\mathcal{N}_{L/K}(a)\right)}{n}$$

definiert, wobei $\mathcal{N}_{L/K}: L \to K$ die Normabbildung der Körpererweiterung ist. Für Bewertungsring, Bewertungsideal, Primelement und Restklassenkörper von L (vgl. Definition 2.3) benutzen wir die Bezeichnungen $\mathcal{O}_L, \wp_L, \pi_L$ und $\underline{L}$.

Definition 2.6

- Die Zahl $f_{L/K} := [\underline{L} : \underline{K}]$ heißt *Trägheitsgrad* der Erweiterung L/K. Betrachtet man das maximale Ideal von $\mathcal{O}_K$ in $\mathcal{O}_L$, so gilt $\wp \mathcal{O}_L = \wp_L^e$ für ein $e \in \mathbb{N}$. Der Exponent e heißt *Verzweigungsindex* der Erweiterung und wird mit $e_{L/K}$ bezeichnet.

- Den absoluten Trägheitsgrad (Verzweigungsindex) eines Körpers K über $\mathbb{Q}_p$ bezeichnen wir mit f_K (e_K).

- Die Erweiterung L/K heißt *unverzweigt* oder *träge*, wenn $e_{L/K} = 1$ ist und *total verzweigt* oder *rein verzweigt* bei $f_{L/K} = 1$.

- Wir sprechen von einer *wild verzweigten* Erweiterung, wenn p den Verzweigungsindex teilt. Ansonsten heißt die Erweiterung *zahm verzweigt*.

Jede Erweiterung p-adischer Körper L/K hat zwei ausgezeichnete Zwischenkörper. Dafür stellen wir den Verzweigungsindex als $e_{L/K} = e_0 p^r$ mit $p \nmid e_0$ dar. Es gibt den maximalen unverzweigten Teilkörper U mit $[U : K] = f_{L/K}$ und den maximalen zahm verzweigten Teilkörper T mit $[T : K] = e_0 f_{L/K}$. Es gilt $K \subseteq U \subseteq T \subseteq L$. Diesen Körperturm nennen wir auch *Standard-Körperturm* von L/K (siehe Abbildung 2.1).

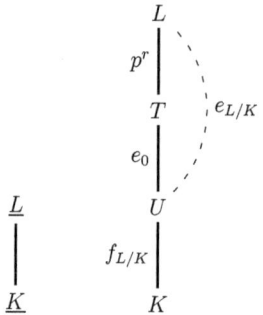

Abbildung 2.1: Standard-Körperturm von L/K

Definition 2.7
Ein Polynom $f(x) = x^n + a_{n-1}x^{n-1} + \ldots + a_1 x + a_0 \in \mathcal{O}_K[x]$ heißt *Eisensteinpolynom*, wenn $\nu(a_i) \geq 1$ für $1 \leq i \leq n-1$ und $\nu(a_0) = 1$ gilt.

Eisensteinpolynome sind irreduzibel und jede total verzweigte Erweiterung lässt sich durch Adjunktion der Nullstelle eines Eisensteinpolynoms erzeugen.

Satz 2.8
Ist L/K total verzweigt, so existiert ein Eisensteinpolynom über K, dessen Nullstelle α die Erweiterung L/K erzeugt. Es gilt zusätzlich $\mathcal{O}_L = \mathcal{O}_K[\alpha]$ als Erweiterung von Ringen und α ist Primelement von L. Umgekehrt ist eine von einem Eisensteinpolynom erzeugte Erweiterung immer total verzweigt.

Kapitel 2. Grundlagen

Sehr nützlich beim Rechnen mit Erweiterungen p-adischer Körper ist das folgende Lemma, das man z.B. in [29], Kapitel 5, §2 finden kann.

Lemma 2.9 (Abhyankar's Lemma)
Wenn L/K zahm verzweigt und M/K endlich ist und wenn zusätzlich $e_{L/K} \mid e_{M/K}$ gilt, dann ist LM/M unverzweigt.

Wir benutzen den Begriff der Galoisgruppe einer Körpererweiterung in einem etwas allgemeineren Sinne, als es sonst in der Literatur üblich ist. $\text{Aut}(K)$ ist unsere Bezeichnung für die Gruppe der Automorphismen des Körpers K.

Definition 2.10
Sei L/K eine nicht notwendig galoissche Erweiterung p-adischer Körper mit normalem Abschluss N/K. Dann nennen wir die Gruppe

$$\text{Gal}(L/K) := \{\, \sigma \in \text{Aut}(N) \mid \sigma(a) = a \text{ für alle } a \in K \,\}$$

Galoisgruppe von L/K. Für ein irreduzibles Polynom $f(x) \in K[x]$ mit Zerfällungskörper N setzen wir $\text{Gal}(f(x)) := \text{Gal}(N/K)$.

Sei nun L/K eine galoissche Erweiterung mit Galoisgruppe G und sei $\mathcal{O}_L = \mathcal{O}_K[\alpha]$.

Definition 2.11
Für $j = 0, 1, \ldots$ ist

$$G_j = \{\, \sigma \in G \mid \nu_L(\sigma(\alpha) - \alpha) \geq j + 1 \,\}$$

die *j-te Verzweigungsgruppe* von L/K. Die Gruppe G_0 heißt auch *Trägheitsgruppe*.

Die Verzweigungsgruppen bilden eine Reihe $G \geq G_0 \geq G_1 \ldots$ von Untergruppen der Galoisgruppe, die für einen hinreichend großen Index ℓ bei der trivialen Gruppe $G_\ell = \{\text{id}\}$ endet. Der nächste Satz fasst die wichtigsten Eigenschaften dieser Reihe zusammen (vgl. dazu Abbildung 2.1).

Satz 2.12

a) Der maximale unverzweigte Teilkörper U von L/K ist der Fixkörper der Trägheitsgruppe G_0, es gilt also $G_0 = \text{Gal}(L/U)$. G_0 ist ein Normalteiler der Ordnung $e_{L/K}$ mit zyklischer Faktorgruppe der Ordnung $f_{L/K}$.

b) Der maximale zahm verzweigte Teilkörper T von L/K ist der Fixkörper der ersten Verzweigungsgruppe G_1, es gilt also $G_1 = \text{Gal}(L/T)$. G_1 ist eine p-Gruppe und ein Normalteiler in G_0 mit zyklischer Faktorgruppe von zu p teilerfremder Ordnung.

c) Für $j = 1, 2, \ldots, t$ ist G_j Normalteiler von G. Die Faktorgruppen G_j/G_{j+1} können isomorph in die additive Gruppe von $\underline{L}$ eingebettet werden.

Eine wichtige Folgerung aus Satz 2.12 ist, dass jede Galoisgruppe p-adischer Körper auflösbar ist.

Am Ende dieses Abschnitts führen wir noch eine Schreibweise für zwei Elemente a, b aus dem algebraischen Abschluss $\overline{K}$ von K ein. Dafür sei die Bewertung ν auf $\overline{K}$ fortgesetzt.

Definition 2.13
Für $a, b \in \overline{K}$ schreiben wir $a \sim b$, wenn $\nu(a - b) > \nu(a)$ gilt.

2.2 Newton-Polygone

Wie in Abschnitt 2.1 definiert sei K ein p-adischer Körper mit $\mathbb{Q}_p \subseteq K$, sowie π ein festes Primelement von $\mathcal{O}_K$. Mit ν bezeichnen wir die exponentielle Bewertung auf K bzw. ihre eindeutige Fortsetzung auf den algebraischen Abschluss von K.

Definition 2.14
Sei $f(x) = \sum_{i=0}^{n} a_i x^i \in K[x]$. Das *Newton-Polygon* von $f(x)$ ist die untere konvexe Hülle der Punktemenge $\{(i, \nu(a_i)) \mid 0 \leq i \leq n\}$ im $\mathbb{R}^2$.

Abbildung 2.2 zeigt ein Beispiel.

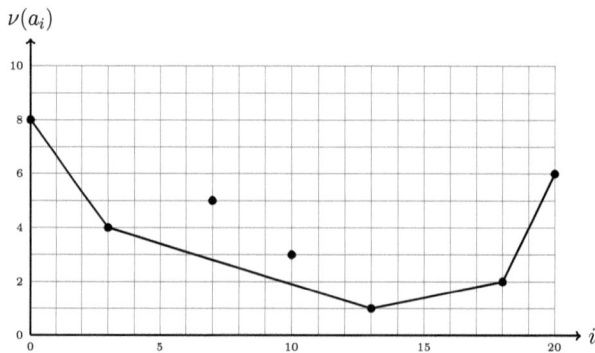

Abbildung 2.2: Newton-Polygon von $64x^{20} + 4x^{18} + 2x^{13} + 8x^{10} + 32x^7 + 16x^3 + 256 \in \mathbb{Q}_2[x]$

Wir nennen die einzelnen Strecken des Polygonzuges *Segmente* und bezeichnen sie mit

$$(k_1, \nu(a_{k_1})) \leftrightarrow (k_2, \nu(a_{k_2}))$$

anhand ihrer Endpunkte. Die Steigungen der Segmente wachsen streng monoton von links nach rechts.

Im Folgenden geben wir einige grundlegende Aussagen zu Newton-Polygonen an. Für die Beweise verweisen wir auf [27], Kapitel II, §6.

Das Newton-Polygon stellt einen Zusammenhang zwischen den Bewertungen der Koeffizienten eines Polynoms und den Bewertungen der Nullstellen her:

Satz 2.15
Sei $f(x) = \sum_{i=0}^{n} a_i x^i \in K[x]$. Hat das Newton-Polygon von $f(x)$ ein Segment $(k_1, \nu(a_{k_1}))$ $\leftrightarrow (k_2, \nu(a_{k_2}))$ mit Steigung $-m$, so besitzt $f(x)$ genau $k_2 - k_1$ Nullstellen $\alpha_1, \ldots, \alpha_{k_2-k_1}$ mit $\nu(\alpha_1) = \ldots = \nu(\alpha_{k_2-k_1}) = m$.

Weiterhin gibt es immer eine Faktorisierung eines Polynoms zu seinem Newton-Polygon. Jedes Segment liefert genau einen (nicht notwendig irreduziblen) Faktor.

Satz 2.16
Sei $f(x) = \sum_{i=0}^{n} a_i x^i \in K[x]$ ein normiertes Polynom mit den Nullstellen $\alpha_1, \ldots, \alpha_n$ und seien $-m_1 < \ldots < -m_\ell$ die Steigungen des Newton-Polygons von $f(x)$. Es gibt eine eindeutige Zerlegung

$$f(x) = \prod_{j=1}^{\ell} f_j(x) \in K[x], \quad \text{mit} \quad f_j(x) = \prod_{\nu(\alpha_i)=m_j} (x - \alpha_i) \in \overline{K}[x].$$

Das Newton-Polygon von $f_j(x)$ besteht aus einem Segment mit Steigung $-m_j$.

Aus dem Newton-Polygon lässt sich auch ein Irreduzibilitätskriterium ableiten.

Satz 2.17
Wenn das Newton-Polygon von $f(x) \in K[x]$ nur aus einem Segment besteht, auf dem abgesehen von den Endpunkten keine ganzzahligen Punkte liegen, dann ist $f(x)$ irreduzibel.

Ein Spezialfall dieser Aussage ist das Eisenstein-Kriterium. Ein Eisensteinpolynom vom Grad n (Definition 2.7) hat ein einsegmentiges Newton-Polygon, welches die Punkte $(0,1)$ und $(n,0)$ verbindet.

2.3 Allgemeine Galois- und Gruppentheorie

In diesem Abschnitt stellen wir einige wichtige Aussagen zur Galoistheorie zusammen. Wir beginnen mit dem Hauptsatz.

Satz 2.18 (Hauptsatz der Galoistheorie)
Sei L/K eine endliche galoissche Körpererweiterung mit Galoisgruppe $G = \mathrm{Gal}(L/K)$. Dann ist die Abbildung

$$M \mapsto \mathrm{Gal}(L/M)$$

eine Bijektion zwischen der Menge der Zwischenkörper M von L/K und der Menge der Untergruppen H von G. Die Umkehrabbildung ist

$$H \mapsto \mathrm{Fix}(H) := \{\, a \in L \mid \sigma(a) = a \text{ für alle } \sigma \in H \,\}.$$

Außerdem gilt für zwei Zwischenkörper M_1, M_2 die Äquivalenz

$$M_1 \subseteq M_2 \Leftrightarrow \mathrm{Gal}(L/M_2) \leq \mathrm{Gal}(L/M_1).$$

Die Teilerweiterung M/K ist genau dann galoissch, wenn $\mathrm{Gal}(L/M)$ ein Normalteiler von G ist. In diesem Fall erhält man per Restriktion die natürliche Isomorphie $\mathrm{Gal}(M/K) \cong G/\mathrm{Gal}(L/M)$.

Beweis: Siehe z.B. [24], §8. □

Zwei für die Galoistheorie wichtige Gruppenkonstruktionen sind das *Kranzprodukt* und das *subdirekte Produkt* zweier Gruppen. Wir bezeichnen mit S_n für ein $n \in \mathbb{N}$ die symmetrische Gruppe auf n Punkten.

Definition 2.19
Seien G und H zwei Gruppen und $\varphi : H \to S_n$ ein Homomorphismus. Dann ist die Menge

$$G \wr H := \{\, (g_1, \ldots, g_n, h) \mid g_1, \ldots, g_n \in G, h \in H \,\}$$

eine Gruppe mit der Multiplikation

$$(g_1, \ldots, g_n, h_1) \cdot (g'_1, \ldots, g'_n, h_2) := (g_1 g'_{\alpha(1)}, \ldots, g_n g'_{\alpha(n)}, h_1 h_2)$$

für $\alpha = \varphi(h_1^{-1}) \in S_n$. Diese Gruppe heißt *Kranzprodukt* von G und H (zum Homomorphismus φ).

Das Kranzprodukt ist isomorph zum semidirekten Produkt $(G \times \ldots \times G) \rtimes H$ mit genau n Kopien von G auf der linken Seite. Die Gruppe H operiert dabei auf $G \times \ldots \times G$ durch Permutation der direkten Faktoren über den Homomorphismus φ.

Satz 2.20
Seien G_1 und G_2 Gruppen mit Epimorphismen $\mu_1 : G_1 \to H$ und $\mu_2 : G_2 \to H$ auf eine dritte Gruppe H. Seien N_1, N_2 die Kerne von μ_1, μ_2. Dann ist

$$G_1 \times_H G_2 := \{ (g_1, g_2) \mid g_1 \in G_1, g_2 \in G_2, \mu_1(g_1) = \mu_2(g_2) \}$$

eine Untergruppe von $G_1 \times G_2$ und heißt subdirektes Produkt von G_1 und G_2 über H. Weiter gibt es Epimorphismen α_1, α_2 von $G_1 \times_H G_2$ auf G_1 bzw. G_2 mit

$$\mathrm{Kern}(\alpha_1) = \{ (1, n_2) \mid n_2 \in N_2 \} \cong N_2 \text{ und}$$
$$\mathrm{Kern}(\alpha_2) = \{ (n_1, 1) \mid n_1 \in N_1 \} \cong N_1.$$

Beweis: Siehe [16], Kapitel I, §9. □

Das subdirekte Produkt $G_1 \times_H G_2$ zusammen mit den Epimorphismen α_1 und α_2 ist der „Pullback" von μ_1 und μ_2, d.h. das Diagramm aus Abbildung 2.3 kommutiert. Der Pullback ist universell für dieses Diagramm (vgl. [23], Kapitel I, §11). Daraus folgt insbesondere, dass jede andere Gruppe mit diesen Eigenschaften isomorph zu $G_1 \times_H G_2$ sein muss.

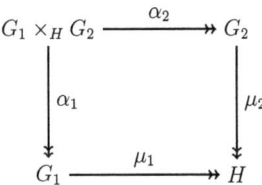

Abbildung 2.3: Subdirektes Produkt

Satz 2.21
Seien M/L und L/K endliche galoissche Körpererweiterungen, $n = [L : K]$ und N der normale Abschluss von M/K. Dann lässt sich die Gruppe $\mathrm{Gal}(N/L)$ in das n-fache direkte Produkt $\mathrm{Gal}(M/L) \times \ldots \times \mathrm{Gal}(M/L)$ einbetten.

Beweis: Seien $M = M_1, \ldots, M_n$ die zu M/K konjugierten Erweiterungen. Alle diese Erweiterungen enthalten L/K als Teilerweiterung und es gilt $N = M_1 \cdot \ldots \cdot M_n$. Sei $G_i := \mathrm{Gal}(M_i/L)$.

Dann gilt $G_i \cong G_1 = \text{Gal}(M/L)$ für alle i. Wir wenden nun induktiv die Konstruktion des subdirekten Produktes (Satz 2.20) an. Sei für $r < n$ gezeigt, dass $G := \text{Gal}(M_1 \cdot \ldots \cdot M_r/L) \leq G_1 \times \ldots \times G_r$ ist. Wir setzen $S := (M_1 \cdot \ldots \cdot M_r) \cap M_{r+1}$ und $H := \text{Gal}(S/L)$. Außerdem bezeichnen wir mit $\mu : G \to G/H$ und $\mu_{r+1} : G_{r+1} \to G_{r+1}/H$ die jeweiligen natürlichen Homomorphismen. Dann erfüllt $\tilde{G} := \text{Gal}(M_1 \cdot \ldots \cdot M_{r+1}/L)$ für die beiden Gruppen G und G_{r+1} zusammen mit den Epimorphismen μ und μ_{r+1} nach dem Hauptsatz der Galoistheorie alle Voraussetzungen für die Kommutativität des Diagramms aus Abbildung 2.3. Dabei übernimmt die Restriktion der Automorphismen von $\tilde{G}$ auf $M_1 \cdot \ldots \cdot M_r$ bzw. M_{r+1} die Rolle des Epimorphismus α_1 bzw. α_2. Aus der Universialität des subdirekten Produktes folgt nun, dass $\tilde{G}$ isomorph ist zu

$$G \times_H G_{r+1} = \{\, (g, g_{r+1}) \mid g \in G, g_{r+1} \in G_{r+1}, \mu(g) = \mu_{r+1}(g_{r+1}) \,\}$$

und nach Satz 2.20 gilt

$$G \times_H G_{r+1} \leq G \times G_{r+1} \leq G_1 \times \ldots \times G_r \times G_{r+1}.$$

$\square$

2.4 Lokale Klassenkörpertheorie

Eine Körpererweiterung heißt *abelsch*, wenn sie galoissch mit abelscher Galoisgruppe ist. Ziel der Klassenkörpertheorie ist die Beschreibung aller abelschen Erweiterungen eines Körpers.

Wir geben im Folgenden einen kurzen Überblick über die lokale Klassenkörpertheorie. Im Wesentlichen geben wir Isomorphie-, Eindeutigkeits- und Existenzsatz der lokalen Klassenkörpertheorie an. Für die Beweise verweisen wir auf das Buch [17], inbesondere auf die Kapitel VI und VII. Unser Grundkörper ist ein p-adischer Körper K. Es gilt $|\underline{K}| = q$ und $\wp = \pi \mathcal{O}_K$ ist das maximale Ideal des Bewertungsrings $\mathcal{O}_K$ (vgl. Abschnitt 2.1).

Im gesamten Buch benutzen wir für $n \in \mathbb{N}$ die Notation ζ_n für eine primitive n-te Einheitswurzel.

Satz 2.22
Für die multiplikative Gruppe $K^\times$ eines p-adischen Körpers K gilt die Zerlegung

$$K^\times = \langle \pi \rangle \times \langle \zeta_{q-1} \rangle \times (1 + \wp) \cong \pi^{\mathbb{Z}} \times \underline{K}^\times \times (1 + \wp).$$

Die multiplikative Gruppe $1 + \wp$ heißt *Einseinheitengruppe* von K. Eine ausführliche Untersuchung der Einheitengruppe eines p-adischen bzw. lokalen Körpers findet man in [12], Kapitel 15.

Kapitel 2. Grundlagen

Sei L/K eine endliche Erweiterung. Wir führen für die Gruppe $\mathcal{N}_{L/K}(L^\times)$ der Normen der Elemente von L in $K^\times$ die abkürzende Schreibweise $\mathcal{N}(L/K)$ ein. Weiter bezeichnen wir mit K^{ab} die maximale abelsche Erweiterung von K im algebraischen Abschluss $\overline{K}$. Es existiert ein kanonischer injektiver Homomorphismus

$$\rho_K : K^\times \to \mathrm{Gal}(K^{\mathrm{ab}}/K),$$

der *Normrestabbildung* oder *Artin-Abbildung* genannt wird (siehe [17], Abschnitt 6.3).

Satz 2.23 (Isomorphiesatz)
Sei L/K eine endliche abelsche Erweiterung. Dann induziert ρ_K einen Isomorphismus

$$K^\times/\mathcal{N}(L/K) \cong \mathrm{Gal}(L/K)$$

und es ist

$$\mathcal{N}(L/K) = \rho_K^{-1}(\mathrm{Gal}(K^{\mathrm{ab}}/L)).$$

Wir weisen noch auf eine wichtige Eigenschaft von ρ_K hin, die wir später benötigen:

Lemma 2.24
Es gilt

$$\rho_K(\sigma(x)) = \tilde\sigma^{-1} \cdot \rho_K(x) \cdot \tilde\sigma$$

für alle $x \in K^\times$, alle Automorphismen σ von K und eine beliebige Fortsetzung $\tilde\sigma$ von σ auf K^{ab}.

Satz 2.25 (Eindeutigkeitssatz)
Für zwei abelsche Erweiterungen L/K und M/K gilt

$$\mathcal{N}((L \cap M)/K) = \mathcal{N}(L/K) \cdot \mathcal{N}(M/K)$$

und

$$\mathcal{N}(LM/K) = \mathcal{N}(L/K) \cap \mathcal{N}(M/K).$$

Insbesondere ist eine abelsche Erweiterung L/K eindeutig durch ihre Normgruppe $\mathcal{N}(L/K)$ bestimmt.

Satz 2.26 (Existenzsatz)
Sei $R \leq K^\times$ eine Untergruppe mit endlichem Index. Dann existiert eine endliche abelsche Erweiterung L/K mit

$$\mathcal{N}(L/K) = R.$$

Aus den Hauptaussagen der Klassenkörpertheorie folgt unter anderem das nächste Lemma zur Normgruppe einer beliebigen Erweiterung.

Lemma 2.27
Für die Normgruppe einer endlichen Erweiterung L/K gilt

$$\mathcal{N}(L/K) = \mathcal{N}((L \cap K^{\mathrm{ab}})/K).$$

2.5 Komplexität von Algorithmen

Bei der Analyse von Algorithmen ist es üblich die Komplexität bzw. die Anzahl der Rechenschritte in Abhängigkeit von der Größe der Eingabedaten nur bis auf einen konstanten Faktor zu spezifizieren. Dafür nutzt man die „O-Notation" oder die „Õ-Notation", wenn man auch noch logarithmische Faktoren unterdrücken möchte.

Definition 2.28

a) Für zwei Funktionen $f: \mathbb{N} \to \mathbb{R}$ und $g: \mathbb{N} \to \mathbb{R}$ schreiben wir

$$f(n) = \mathrm{O}(g(n)),$$

wenn es eine Konstante C gibt mit $|f(n)| \leq C \cdot g(n)$ für alle $n \in \mathbb{N}$.

b) Wir schreiben

$$f(n) = \tilde{\mathrm{O}}(g(n)),$$

wenn es eine positive ganze Zahl ℓ gibt, so dass $f(n) = \mathrm{O}\left(g(n) \log^\ell g(n)\right)$ ist.

Wir werden an mehreren Stellen in dieser Arbeit Polynome über endlichen Körpern faktorisieren und für den Rechenaufwand folgende Notation verwenden:

Definition 2.29
Wir bezeichnen mit

$$\mathrm{P}(n, q)$$

die Anzahl der arithmetischen Operationen für die Faktorisierung eines Polynoms vom Grad n über dem endlichen Körper $\mathbb{F}_q$.

Für dieses Problem existieren schnelle probabilistische Algorithmen. Nach [19] ist die Faktorisierung eines Polynoms vom Grad n über $\mathbb{F}_q$ mit einer erwarteten Anzahl von $\mathrm{O}(n^{1,815} \log q)$

Operationen in $\mathbb{F}_q$ möglich. Von zur Gathen und Shoup stellen in [10], Abschnitt 9 auch einen deterministischen Algorithmus vor. Das Verfahren benötigt bei $q = p^k$

$$\tilde{O}(n^2 + n^{3/2}k + n^{3/2}k^{1/2}p^{1/2})$$

Rechenoperationen in $\mathbb{F}_q$. In unserem Fall wird der Polynomgrad n immer ein Vielfaches von p sein, weil die zu betrachtenden Polynome über $\mathbb{F}_q$ aus der wild verzweigten Situation kommen (vgl. Definition 2.6). Wir benutzen die deterministische Laufzeitabschätzung im folgenden Spezialfall:

Lemma 2.30
Für $p \leq n$ gilt

$$P(n, q^n) = \tilde{O}(n^{5/2} \log q).$$

Beweis: Nach der Formel oben gilt $P(n, q^n) = \tilde{O}(n^2 + n^{5/2}k + n^2 k^{1/2}p^{1/2})$. Indem wir p durch n und k durch $\log q$ nach oben abschätzen, erhalten wir daraus

$$P(n, q^n) = \tilde{O}(n^2 + n^{5/2}\log q + n^{5/2}log^{1/2}q) = \tilde{O}(n^{5/2}\log q).$$

□

Kapitel 3

Zahm verzweigte Erweiterungen

Zahm verzweigte Erweiterungen lassen sich sehr schön theoretisch beschreiben. Sie bestehen immer aus einer Radikalerweiterung über der (zyklischen) maximalen unverzweigten Teilerweiterung. Aus diesem Grund kann man bei galoisschen Erweiterungen leicht erzeugende Automorphismen der Galoisgruppe angeben. Helmut Hasse tut dies in Kapitel 16 seines Buches [12]. Ausgehend von diesem Ergebnis wird hier ein Verfahren entwickelt, das zu einer durch ein irreduzibles Polynom gegebenen zahm verzweigten Erweiterung eine Beschreibung der Galoisgruppe als endlich präsentierte Gruppe bestimmt.

Für dieses Kapitel sei K ein p-adischer Körper mit $\mathbb{Q}_p \subseteq K$ und $\underline{K} \cong \mathbb{F}_q$ sowie π ein festes Primelement von $\mathcal{O}_K$.

3.1 Unverzweigte Erweiterungen

Eine unverzweigte Erweiterung ist schon durch ihren Grad eindeutig bestimmt.

Satz 3.1
Sei K ein p-adischer Körper mit $\underline{K} \cong \mathbb{F}_q$.

a) *Es gibt genau eine unverzweigte Erweiterung vom Grad f von K, nämlich $K(\zeta)$ für eine primitive $(q^f - 1)$-te Einheitswurzel ζ.*

b) *Die Erweiterung $K(\zeta)/K$ ist galoissch mit zyklischer Galoisgruppe. Die Gruppe wird erzeugt vom Automorphismus*
$$\tau : \zeta \mapsto \zeta^q.$$

Beweis: Siehe [29], Kapitel 5. □

Es gilt $\text{Gal}(K(\zeta)/K) \cong \text{Gal}(\underline{K(\zeta)}/\underline{K}) \cong \text{Gal}(\mathbb{F}_{q^f}/\mathbb{F}_q)$, wobei τ dem Frobeniusautomorphismus entspricht.

3.2 Zahm verzweigte Erweiterungen

Hier nun der oben angesprochene Satz von Hasse:

Satz 3.2
Sei K ein p-adischer Körper mit $\underline{K} \cong \mathbb{F}_q$ und L/K eine zahm verzweigte Erweiterung mit Verzweigungsindex e und Restklassengrad f.

a) *Die Erweiterung L/K ist konjugiert zu einer der Erweiterungen*

$$K(\zeta, \sqrt[e]{\zeta^r \pi}), \quad r \in \{0, \ldots, d(e,f) - 1\}$$

für eine primitive $(q^f - 1)$-te Einheitswurzel ζ und $d(e,f) := \text{ggT}(e, q^f - 1)$.

b) *Insbesondere sind zwei solche Erweiterungen $K(\zeta, \sqrt[e]{\zeta^r \pi})$ und $K(\zeta, \sqrt[e]{\zeta^{r'} \pi})$ mit $r' \equiv r \mod d(e,f)$ konjugiert.*

c) *Die Erweiterung L/K ist genau dann galoissch, wenn die Bedingungen $e \mid q^f - 1$ und $e \mid r(q - 1)$ erfüllt sind. In diesem Fall hat die Galoisgruppe die Erzeuger*

$$\sigma : \zeta \mapsto \zeta, \sqrt[e]{\zeta^r \pi} \mapsto \zeta^\ell \sqrt[e]{\zeta^r \pi} \quad \text{und} \quad \tau : \zeta \mapsto \zeta^q, \sqrt[e]{\zeta^r \pi} \mapsto \zeta^k \sqrt[e]{\zeta^r \pi}$$

mit $k = \frac{r(q-1)}{e}, \ell = \frac{q^f - 1}{e}$ und die endliche Präsentation

$$\langle s, t \mid s^e = 1, s^r = t^f, s^t = s^q \rangle.$$

Beweis: Siehe [12], Kapitel 16. □

Um eine durch ein irreduzibles Polynom gegebene zahme Erweiterung wie in Satz 3.2 zu identifizieren, benötigt man die Parameter e, f und r. Der von Sebastian Pauli in [33] vorgestellte Algorithmus zur Faktorisierung von Polynomen über lokalen Körpern liefert im Falle eines irreduziblen Polynoms eine Zerlegung in den unverzweigten und den reinverzweigten Anteil, also e und f. Dabei wird der reinverzweigte Teil durch ein Eisensteinpolynom angegeben. Anhand dieses Polynoms muss man nun den Parameter r bestimmen.

Das folgende Lemma beschreibt zunächst etwas allgemeiner, wie man bei einem Polynom, das man anhand seines Newton-Polygones als irreduzibel erkennen kann, den zahm verzweigten Anteil „ablesen" kann. In diesem Kapitel brauchen wir die Aussage nur für Eisensteinpolynome.

Lemma 3.3
Sei $f(x) = \sum_{i=0}^{n} a_i x^i \in \mathcal{O}_K[x]$ ein normiertes Polynom vom Grad $n = e_0 p^m$ mit $p \nmid e_0$, dessen Newton-Polygon aus genau einem Segment der Steigung $-h/n$ mit $\mathrm{ggT}(h,n) = 1$ besteht. Weiter seien α eine Nullstelle von $f(x)$ und $a, b \in \mathbb{Z}$ beliebig mit $ae_0 + bh = 1$. Dann kann die zahm verzweigte Teilerweiterung von $L = K(\alpha)$ vom Grad e_0 durch das Eisensteinpolynom $g(x) = x^{e_0} + b_0^b \pi^{e_0 a} \in \mathcal{O}_K[x]$ mit beliebigem $b_0 \equiv a_0$ mod (π^{h+1}) erzeugt werden.

Beweis: Das Polynom $f(x)$ ist irreduzibel, weil sein Newton-Polygon aus einem Segment besteht, das außer den Endpunkten keine ganzzahligen Punkte enthält (siehe Satz 2.17). Alle Nullstellen von $f(x)$ haben Bewertung h/n, daher ist L/K total verzweigt vom Grad n und die maximale zahm verzweigte Teilerweiterung T/K muss Grad e_0 haben.

Wir zeigen zunächst, dass T und die von $\tilde{g}(x) = x^{e_0} + b_0$ erzeugte Erweiterung isomorph sind. Das Newton-Polygon von $\tilde{g}(x)$ ist ein Segment mit Steigung h/e_0 und $\mathrm{ggT}(h, e_0) = 1$, daher ist $\tilde{g}(x)$ irreduzibel. Es reicht zu zeigen, dass $\tilde{g}(x)$ eine Nullstelle in L hat. Wegen $\nu(a_0) = h$ und $b_0 \equiv a_0$ mod (π^{h+1}) gibt es eine Einseinheit $1 + \pi\varepsilon \in \mathcal{O}_K$, so dass $b_0 = (1 + \pi\varepsilon)a_0$ gilt. Außerdem haben wir $\alpha^n = -a_0 - \sum_{i=1}^{n-1} a_i \alpha^i = -(1 + \pi_L \delta)a_0$ für eine Einseinheit $1 + \pi_L \delta \in \mathcal{O}_L$. Das Polynom $\tilde{g}(x)$ hat genau dann eine Nullstelle in L, wenn $\tilde{g}(\alpha^{p^m} x) = (\alpha^{p^m} x)^{e_0} + b_0$ eine Nullstelle in L hat. Teilen durch α^n liefert

$$x^{e_0} + \frac{b_0}{\alpha^n} = x^{e_0} - \frac{(1 + \pi\varepsilon)a_0}{(1 + \pi_L \delta)a_0} \equiv x^{e_0} - 1 \bmod \pi_L \mathcal{O}_L[x].$$

Das Polynom $x^{e_0} - 1 \in \underline{L}[x]$ ist quadratfrei wegen $\mathrm{ggT}(e_0, p) = 1$ und hat die Nullstelle 1. Mit Hensel-Lifting (siehe Lemma 2.5) erhält man daher eine Nullstelle von $\tilde{g}(\alpha^{p^m} x)$ in L und damit auch eine Nullstelle von $\tilde{g}(x)$ in L.

Sei β diese Nullstelle. Mit β konstruieren wir jetzt eine Nullstelle des Eisensteinpolynoms $g(x)$ in T. Wir setzen $\gamma = \beta^b \pi^a$. Dann gilt $\nu(\gamma) = \nu(\beta^b \pi^a) = bh/e_0 + a = 1/e_0$ und $T = K(\beta) = K(\gamma)$. Da $\gamma^{e_0} = \beta^{e_0 b} \pi^{e_0 a} = -b_0^b \pi^{e_0 a}$ gilt, ist γ die gewünschte Nullstelle von $g(x) = x^{e_0} + b_0^b \pi^{e_0 a}$. □

Eisensteinpolynome haben ein einsegmentiges Newton-Polygon der Steigung $1/n$. Wir wählen $a = 0$ und $b = 1$ im obigen Lemma und erhalten für zahme Eisensteinpolynome das

Korollar 3.4
Sei $f(x) = \sum_{i=0}^{e} a_i x^i \in \mathcal{O}_K[x]$ ein Eisensteinpolynom mit $p \nmid e$. Außerdem sei $g(x) = x^e + b_0 \in$

$\mathcal{O}_K[x]$ *für ein beliebiges $b_0 \in \mathcal{O}_K$ mit der Eigenschaft $b_0 \equiv a_0 \bmod (\pi^2)$. Dann sind die von $f(x)$ und $g(x)$ erzeugten Erweiterungen isomorph.*

Das heißt, bei einer zahmen Erweiterung liefert der letzte Koeffizient des zugehörigen Eisensteinpolynoms direkt die Darstellung als Radikalerweiterung. Von dieser Darstellung gelangt man jetzt leicht zum Parameter r.

Lemma 3.5
Sei $g(x) = x^e - b_0 \in \mathcal{O}_K[x]$ mit $b_0 = \varepsilon\pi$ für ein $\varepsilon \in \mathcal{O}_K{}^\times$, und sei $\{0, \zeta, \ldots, \zeta^{q-1}\}$ das multiplikative Repräsentantensystem für $\underline{K} = \mathcal{O}_K/\pi\mathcal{O}_K$, bestehend aus 0 und den $(q-1)$-ten Einheitswurzeln. Dann gilt $\varepsilon \equiv \zeta^r \bmod \pi\mathcal{O}_K$ für ein $r \in \{1, \ldots, q-1\}$ und die von $g(x)$ erzeugte total zahm verzweigte Erweiterung von K ist gleich $K(\sqrt[e]{\zeta^r \pi})$.

Beweis: Lemma 3.5 ist schon in Satz 3.2 enthalten. Trotzdem soll es hier noch einmal explizit bewiesen werden: Die erste Aussage ist klar, da ε eine Einheit in $\mathcal{O}_K$ ist. Wir haben $\varepsilon = \zeta^r \eta$ für eine Einseinheit $\eta \in \mathcal{O}_K{}^\times$. Nach [12], Kapitel 15 existiert wegen $p \nmid e$ eine weitere Einseinheit $\eta_0 \in \mathcal{O}_K{}^\times$ mit $\eta = \eta_0^e$. Es gilt also $\varepsilon = \zeta^r \eta_0^e$ und somit $K(\sqrt[e]{\varepsilon\pi}) = K(\eta_0\sqrt[e]{\zeta^r\pi}) = K(\sqrt[e]{\zeta^r\pi})$ wie behauptet. □

Wichtig ist hier die Bemerkung, dass r abhängig von der Wahl von ζ und π ist. Eine Klassifikation aller zahmen Erweiterungen mit Verzweigungsindex e und Trägheitsgrad f macht daher nur mit festem ζ und π Sinn (vgl. Satz 3.2).

Mit e, f, r und Satz 3.2 c) können wir jetzt die Galoisgruppe einer *galoisschen* Erweiterung hinschreiben. Bei Erweiterungen, die nicht galoissch sind, ist noch etwas Arbeit nötig. Hier muss zunächst die normale Hülle bestimmt werden. Satz 3.6 zeigt, dass höchstens unverzweigte Anteile hinzukommen können. Eine ähnliche Aussage findet man auch in [18].

Satz 3.6
Sei $L = K(\zeta, \sqrt[e]{\zeta^r\pi})$ eine zahm verzweigte Erweiterung wie in Satz 3.2, also ζ eine primitive $(q^f - 1)$-te Einheitswurzel, und $g := \operatorname{ggT}(q^f - 1, r(q - 1))$. Sei weiter $u \in \mathbb{N}$ minimal, so dass die Bedingung

$$q^{fu} - 1 \equiv 0 \bmod e \cdot \frac{q^f - 1}{g} \tag{3.1}$$

erfüllt ist. Dann ist

$$N = K(\xi, \sqrt[e]{\xi^s \pi})$$

der normale Abschluss von L/K, wobei ξ primitive $(q^{fu} - 1)$-te Einheitswurzel und $s = r \cdot \frac{q^{fu}-1}{q^f-1}$ ist.

Kapitel 3. Zahm verzweigte Erweiterungen   25

Beweis: Wir setzen $k := e \cdot \frac{q^f - 1}{g}$. Ein entsprechendes $u \in \mathbb{N}$ existiert, weil q^f eine Einheit in $\mathbb{Z}/k\mathbb{Z}$ ist wegen $\mathrm{ggT}(q^f, k) = 1$. Zunächst zeigen wir, dass N/K galoissch ist. Die erste Bedingung aus Satz 3.2 c) ist offensichtlich erfüllt: Aus (3.1) folgt $e \mid q^{fu} - 1$. Die zweite Bedingung

$$e \mid s(q-1) = r(q-1) \frac{q^{fu} - 1}{q^f - 1}$$

gilt ebenfalls, denn (3.1) ist äquivalent zu

$$g \cdot \frac{q^{fu} - 1}{q^f - 1} \equiv 0 \bmod e.$$

Es bleibt zu zeigen, dass N Teilkörper des normalen Abschlusses A ist. Der Körper N lässt sich aus L durch Hinzunahme einer primitiven k-ten Einheitswurzel erzeugen (vgl. [27], Kapitel II, (7.12)). Daher konstruieren wir im Folgenden eine primitive k-te Einheitswurzel in A. Sei $\sigma : \zeta \mapsto \zeta^q$ ein Erzeuger von $\mathrm{Gal}(K(\zeta)/K)$ (siehe Satz 3.1). Die Quotienten aus Nullstellen von $x^e - \sigma(\zeta^r \pi)$ und Nullstellen von $x^e - \zeta^r \pi \in K(\zeta)[x]$ liegen in A und sind e-te Wurzeln aus $\zeta^{r(q-1)}$. Sei $\omega \in A$ eine dieser Wurzeln. Dann ist ω wegen $\omega^e = \zeta^{r(q-1)}$ und $\zeta^{q^f - 1} = 1$ die gesuchte primitive k-te Einheitswurzel. □

Es reicht im Allgemeinen nicht aus, die e-ten Einheitswurzeln hinzu zu nehmen, um die rein verzweigte Relativerweiterung zu einer Kummer-Erweiterung zu machen. Dies soll noch einmal durch das folgende Beispiel illustriert werden.

Beispiel 3.1

Die Erweiterung $L = \mathbb{Q}_2(\zeta_3, \sqrt[3]{2 \zeta_3})$ hat Verzweigungsindex 3, Restklassengrad 2 und der Parameter r ist gleich 1. Ist $L/\mathbb{Q}_2$ galoissch? Die erste Bedingung aus Satz 3.2 ist erfüllt. Anschaulich bedeutet dies, dass der Trägheitskörper $U = \mathbb{Q}_2(\zeta_3)$ von L die 3. Einheitswurzeln enthält und somit die Radikalerweiterung L/U galoisch ist. In diesem Fall ist allerdings die zweite Bedingung nicht erfüllt, da $3 \nmid 1(2 - 1)$. Der Erzeuger $\tau : \zeta_3 \mapsto \zeta_3^2$ von $\mathrm{Gal}(U/\mathbb{Q}_2)$ „kopiert" L/U auf eine neue Erweiterung $L' = U(\sqrt[3]{2 \zeta_3^2})$ mit $r' = 2$. Mit $d(e, f) = \mathrm{ggT}(3, 3) = 3$ gilt $r \not\equiv r' \bmod d(e, f)$, also ist $L' \neq L$. Unter diesen Voraussetzungen lässt sich τ nicht zu einem Automorphismus von L/K fortsetzen. Wendet man nun Satz 3.6 an, erhält man $u = 3$ und $N = \mathbb{Q}_2(\zeta_{63}, \sqrt[3]{2 \zeta_{63}^{21}}) = \mathbb{Q}_2(\zeta_{63}, \sqrt[3]{2})$ als Zerfällungskörper. Es mussten also für die normale Hülle noch die 63. Einheitswurzeln hinzugenommen werden. Durch diese Vergrößerung des Trägheitskörpers hat man die Verträglichkeit der Relativerweiterungen erzwungen. Ein Erzeuger γ von $\mathrm{Gal}(\mathbb{Q}_2(\zeta_{63})/\mathbb{Q}_2)$ lässt sich zu einem Automorphismus $\bar{\gamma}$ von $N/\mathbb{Q}_2$ fortsetzen:

$$\begin{aligned}
\bar{\gamma} : N &\to N \\
\zeta_{63} &\mapsto \zeta_{63}^2 \\
\sqrt[3]{2\zeta_{63}^{21}} &\mapsto \sqrt[3]{2\zeta_{63}^{21 \cdot 2}} = \sqrt[3]{2\zeta_{63}^{21}} \cdot \sqrt[3]{\zeta_{63}^{21}} = \sqrt[3]{2\zeta_{63}^{21}} \cdot \zeta_{63}^7
\end{aligned}$$

Noch übersichtlicher wird die Beschreibung von $\bar{\gamma}$, wenn man die Darstellung $N = \mathbb{Q}_2(\zeta_{63}, \sqrt[3]{2})$ für N benutzt:

$$\bar{\gamma}: N \to N$$
$$\zeta_{63} \mapsto \zeta_{63}^2$$
$$\sqrt[3]{2} \mapsto \sqrt[3]{2}$$

Als Galoisgruppe bekommt man daher in diesem Beispiel

$$\mathrm{Gal}(L/\mathbb{Q}_2) = \langle s, t \mid s^3 = 1, t^6 = 1, s^t = s^2 \rangle \cong C_3 \wr C_2$$

(vgl. Satz 3.2 und Definition 2.19). •

Man erhält aus Satz 3.6 eine Abschätzung für den Grad des Zerfällungskörpers über K, weil u durch die Ordnung der Gruppe $(\mathbb{Z}/k\mathbb{Z})^\times$ für $k = e \cdot (q^f - 1)/g$ beschränkt ist. Durch eine strukturelle Betrachtung des Zerfällungskörpers ähnlich wie im obigen Beispiel lässt sich aber auch eine obere Schranke angeben, die nicht mehr von q abhängig ist:

Lemma 3.7
Für die normale Hülle N einer zahm verzweigten Erweiterung L/K mit Verzweigungsindex e gilt

$$[N:L] \leq e \cdot [L(\zeta_e):L] < e^2.$$

Beweis: Sei $f = f_{L/K}$ und $L = K(\zeta, \sqrt[e]{\zeta^r \pi})$ die Standard-Darstellung von L/K nach Satz 3.2. Um die rein verzweigte Relativerweiterung galoissch zu machen, fügen wir die e-ten Einheitswurzeln zu L hinzu und setzen $M = L(\zeta_e)$. Der Trägheitskörper U von M/K hat dann Grad $m = f \cdot [L(\zeta_e) : L]$ über K und es gilt $M = U(\sqrt[e]{\zeta^r \pi})$, wobei die Erweiterungen M/U und U/K beide zyklisch sind. Wir sind nun genau in der Situation von Satz 2.21. Wenn wir mit σ einen Erzeuger von $\mathrm{Gal}(U/K)$ und mit β_i eine Nullstelle von $x^e - \sigma^i(\zeta^r \pi)$ für $0 \leq i \leq m-1$ bezeichnen, ist der normale Abschluss N gleich dem Kompositum der Körper $M_i = U(\beta_i)$. Dieses Kompositum $M_1 \cdot \ldots \cdot M_m$ untersuchen wir im Folgenden mit Abhyankar's Lemma (Lemma 2.9). Weil alle Erweiterungen M_i/U total zahm verzweigt vom Grad e sind, ist $M_i M_{i+1}/M_i$ bzw. $M_i M_{i+1}/M_{i+1}$ träge vom einem Grad f_i mit $f_i \mid e$ für $1 \leq i \leq m-1$. Da es nur genau eine träge Erweiterung zu jedem Grad gibt, folgt daraus insgesamt, dass N/M_1 träge mit $[N : M_1] \leq e$ ist, also die erste behauptete Ungleichung. Die zweite Ungleichung gilt, weil $[L(\zeta_e) : L]$ die Ordnung von q^f in $(\mathbb{Z}/e\mathbb{Z})^\times$ ist. □

3.3 Galoisgruppenberechnung

Die Ergebnisse des letzten Abschnitts lassen sich nun zu einem Algorithmus zusammenfassen. Es wird eine endliche Präsentation der Galoisgruppe bestimmt. Zusätzlich kann man den beiden Erzeugern dieser Gruppe wie in Satz 3.2 explizite Automorphismen zuordnen.

Algorithmus 3.1 (Galoisgruppe einer zahmen Erweiterung)

Input:
Ein irreduzibles Polynom $f(x) \in K[x]$ vom Grad n, das eine zahm verzweigte Erweiterung L/K definiert.

Output:
Die Galoisgruppe von $f(x)$ als endlich präsentierte Gruppe.

ZahmeGaloisgruppe$(f(x))$

(1) bestimme die träge Teilerweiterung U/K vom Grad f und ein Eisensteinpolynom $\sum_{i=0}^{e} a_i x^i \in U[x]$ für den verzweigten Anteil L/U

(2) setze $d := \mathrm{ggT}(e, q^f - 1)$ und wähle eine primitive $(q^f - 1)$-te Einheitswurzel $\zeta \in U$

(3) bestimme $r \in \{0, \ldots, d-1\}$ mit $(r \equiv r' \bmod d)$ für r' aus $(-a_0/\pi \equiv \zeta^{r'} \bmod \pi \mathcal{O}_U)$

(4) setze $g := \mathrm{ggT}(q^f - 1, r(q-1))$ und initialisiere $u := 1$

(5) **solange** $q^{fu} - 1 \not\equiv 0 \bmod e \cdot \frac{q^f - 1}{g}$

(6) setze $u := u + 1$

(7) setze $r := \left(r \cdot \frac{q^{fu} - 1}{q^f - 1} \bmod e \right)$ und $q := q \bmod e$

(8) **gib** die Gruppe $\langle s, t \mid s^e = 1, s^r = t^{fu}, s^t = s^q \rangle$ **zurück**

Bemerkungen zum Algorithmus:

Die Werte e und f sowie ein Eisensteinpolynom für die total verzweigte Relativerweiterung in Schritt (1) können mit dem Verfahren aus [33] bestimmt werden. Weil dabei Polynome über endlichen Körpern faktorisiert werden (vgl. Abschnitt 2.5), ist die Laufzeit nur erwartet polynomiell im Polynomgrad n und $\log q$ (siehe [33], Korollar 7.3).

Zur Bestimmung von ζ in Schritt (2) ermittelt man einen Erzeuger der multiplikativen Gruppe von $\underline{U} \cong \mathbb{F}_{q^f}$. Die Standard-Methode für dieses Problem berechnet die Ordnung zufällig gewählter Elemente aus $\mathbb{F}_{q^f}$ bis ein Element maximaler Ordnung gefunden ist.

Aus dem Eisensteinpolynom für L/U wird dann in Schritt (3) wie in Korollar 3.4 und Lemma 3.5 der Parameter r berechnet. Um nicht einen (für großes q^f aufwändigen) diskreten Logarithmus in $\underline{U} \cong \mathbb{F}_{q^f}$ berechnen zu müssen, kann man wie folgt vorgehen:

Sei $\varepsilon = -a_0/\pi$ und $\underline{\varepsilon} = \underline{\zeta}^{r'} \in \mathbb{F}_{q^f}$ für ein $r' \in \{0, \ldots, q^f - 2\}$. Wir sind an r' nur modulo d interessiert (vgl. Satz 3.2 b)) und r' ist genau dann durch d teilbar, wenn $\underline{\varepsilon}^{(q^f-1)/d} = 1$ ist. Darum findet man das gesuchte r, indem man für $r \in \{0, \ldots, d-1\}$ abtestet, ob

$$\left(\frac{\underline{\varepsilon}}{\underline{\zeta}^r}\right)^{(q^f-1)/d} = 1$$

gilt. Weil das Potenzieren durch wiederholtes Quadrieren (siehe z.B. [9], Kapitel I, Abschitt 4.3) in $O(\log q^f)$ Rechenschritten möglich ist und weil maximal $d \leq e$ Tests durchgeführt werden müssen, ist die Bestimmung von r auf diese Weise in $O(n \log q)$ Schritten möglich. Damit ist diese auch für große q effizient.

Es stellt hier kein Problem dar, dass r von der Wahl der primitiven Einheitswurzel ζ abhängt (vgl. Bemerkung nach Lemma 3.5). Verschiedene ζ führen nur zu verschiedenen Erzeugern der zyklischen Untergruppe $\langle s \rangle$ in der Relation $s^r = t^{fu}$.

Für eine Laufzeitabschätzung der ggT-Berechnungen in den Schritten (2) und (4) verweisen wie auf [9], Kapitel I, Abschnitt 3.3. Sie sind ebenfalls in $O(n \log q)$ möglich.

In der solange-Schleife (5) wird nach Satz 3.6 der Wert für u und damit der Grad der normalen Hülle über L bestimmt. Nach Lemma 3.7 ist dieser Grad durch $e \cdot [L(\zeta_e) : L]$ nach oben beschränkt. Danach wird nach Satz 3.2 die Galoisgruppe angegeben.

Algorithmus 3.1 ist somit ab Schritt (3) polynomiell in n und $\log q$. Die Rechenschritte (1) und (2) enthalten probabilistische Elemente.

Kapitel 4

Newton-Polygone

Weil Newton-Polygone ohne viel Rechenaufwand Informationen zu den Nullstellen eines Polynoms liefern (Satz 2.15), sind sie sehr nützlich bei der Beschreibung und Berechnung von Zerfällungskörpern und Galoisgruppen.

In diesem Kapitel werden wir zunächst beschreiben, wie man die Faktorisierung eines Polynoms zu seinem Newton-Polygon bestimmt (Abschnitt 4.1), und die sogenannten assoziierten Polynome einführen (Abschnitt 4.2). Danach untersuchen wir ein spezielles Polygon, das sogenannte Verzweigungspolygon einer total verzweigten Erweiterung, genauer (Abschnitt 4.3). Inbesondere zeigen wir, dass es kanonische Teilkörper zum Verzweigungspolygon gibt, und wie man diese berechnen kann (Abschnitte 4.4 und 4.5).

4.1 Die Faktorisierung zum Newton-Polygon

Sei $f(x) = \sum_{i=0}^{n} a_i x^i$ ein normiertes Polynom über $\mathcal{O}_K$, dessen Newton-Polygon mindestens zwei Segmente hat. In diesem Abschnitt wird ein Verfahren angegeben, mit dem man die Faktorisierung von $f(x)$ aus Satz 2.16, bei der jeder Faktor zu einem Segment korrespondiert, explizit berechnen kann.

Wir beschreiben nur den ersten Schritt einer Faktorisierung $f(x) = f_1(x)f_2(x)$, bei der $f_2(x)$ zum letzten Segment des Newton-Polygons gehört. Danach kann mit $f_1(x)$ induktiv weiter verfahren werden.

Das letzte Segment habe die Steigung $-\frac{h}{e}$ und die Länge $n - m$. Weil $f(x)$ normiert ist, hat es die Form $(m, \frac{h}{e}(n-m)) \leftrightarrow (n, 0)$. Die Idee ist nun, das Polynom $f(x)$ so zu transformieren, dass das letzte Segment „nach unten klappt" und flach auf der x-Achse liegt. Dann lässt sich mit Hensel-Lifting eine Faktorisierung bestimmen.

Dafür sei β eine Nullstelle des Polynoms $x^e - \pi$, also $\nu(\beta) = \frac{1}{e}$. Wir transformieren $f(x)$ zu

$$\tilde{f}(x) = \frac{f(\beta^h x)}{\beta^{nh}} = \sum_{i=0}^{n} a_i \beta^{h(i-n)} x^i =: \sum_{i=0}^{n} b_i x^i \in K(\beta)[x].$$

Die Bewertung von $\beta^{h(i-n)}$ ist $-\frac{h}{e}(n-i)$. Weil das letzte Segment maximale Steigung hat, gilt $\nu(a_i) > \frac{h}{e}(n-i)$ für $i < m$. Daher teilt β die Koeffizienten b_i für $i < m$ und wir erhalten folgende Darstellung von $\tilde{f}$ über dem Restklassenkörper $\underline{K(\beta)}$:

$$\underline{\tilde{f}}(x) = \sum_{i=m}^{n} \underline{b_i} x^i = x^m \sum_{i=m}^{n} \underline{b_i} x^{i-m}$$

Die Faktoren x^m und $\sum_{i=m}^{n} \underline{b_i} x^{i-m}$ sind teilerfremd aufgrund von $\nu(b_m) = 0$. Außerdem ist der zweite Faktor nicht konstant, weil auch $\nu(b_n) = 0$ ist. Darum können wir Hensel-Lifting (Lemma 2.5) anwenden und erhalten eine Faktorisierung $\tilde{f}(x) = \tilde{f}_1(x)\tilde{f}_2(x) \in K(\beta)[x]$. Mit $f_1(x) := \tilde{f}_1(\frac{x}{\beta^h})\beta^{nh}$ und $f_2(x) := \tilde{f}_2(\frac{x}{\beta^h})\beta^{nh}$ machen wir die Transformation rückgängig und haben $f(x) = f_1(x)f_2(x) \in K(\beta)[x]$. Da das Newton-Polygon von $f_2(x)$ ein Segment mit Steigung $-\frac{h}{e}$ ist, muss $f_2(x)$ der eindeutige Faktor zum letzten Segment des Newton-Polygons von $f(x)$ sein (vgl. Satz 2.16). Folglich gilt die Faktorisierung schon über K.

Algorithmus 4.1 fasst noch einmal alles zusammen:

Algorithmus 4.1 (Faktorisierung zum Newton-Polygon)

Input:

Ein normiertes Polynom $f(x) \in \mathcal{O}_K[x]$ mit mindestens zwei Segmenten im Newton-Polygon.

Output:

Die Faktorisierung von $f(x)$ zum Newton-Polygon nach Satz 2.16.

NewtonPolygonFaktoren($f(x)$)

(1) bestimme die Segmente $S_1, \ldots, S_\ell$ des Newton-Polygons von $f(x)$

(2) initialisiere $\mathcal{F} := \emptyset$

(3) **für** i von ℓ bis 2

    (4) bestimme die Werte für n, m, h und e anhand von S_i

        ($-\frac{h}{e}$: Steigung, m, n: x-Koordinate des Start- bzw. Endpunktes)

(5) sei β Nullstelle von $x^e - \pi$
(6) setze $\tilde{f}(x) = \sum_{i=0}^{n} b_i x^i := \frac{f(\beta^h x)}{\beta^{nh}} \in K(\beta)[x]$
(7) setze $\tilde{f_1}(x) := x^m, \tilde{f_2}(x) := \sum_{i=m}^{n} b_i x^{i-m} \in K(\beta)[x]$
(8) führe Hensel-Lifting für $\tilde{f}(x)$ und $\tilde{f_1}(x), \tilde{f_2}(x)$ durch und erhalte $\tilde{f_1}(x), \tilde{f_2}(x)$
(9) setze $f_1(x) := \tilde{f_1}(\frac{x}{\beta^h})\beta^{nh}$ und $f_2(x) := \tilde{f_2}(\frac{x}{\beta^h})\beta^{nh}$
(10) füge $f_2(x)$ zu $\mathcal{F}$ hinzu
(11) setze $f(x) := f_1(x)$

(12) **gib** $\mathcal{F}$ in umgekehrter Reihenfolge **zurück**

Bemerkungen zum Algorithmus:

Beim Schleifendurchlauf für $i = j$ ist $f(x)$ der Faktor des ursprünglichen Polynoms, der zu den noch nicht behandelten Segmenten $S_1, \ldots, S_{j-1}$ korrespondiert. Die Segmente entsprechen dem Newton-Polygon von $f(x)$ bis auf eine Verschiebung in y-Richtung. Diese Verschiebung wird im Algorithmus implizit durchgeführt. In jedem Schleifendurchlauf wird das letzte Segment so interpretiert, als läge es mit dem rechten Endpunkt auf der x-Achse auf.

Hensel-Lifting für Polynome über lokalen Körpern wird z.B. in [9], Kapitel II, Abschnitt 15 beschrieben. Es ist im Computer-Algebra-System MAGMA [5] implementiert.

Die Reihenfolge der Faktoren in der Ausgabe entspricht der Reihenfolge der Segmente des Newton-Polygons von links nach rechts.

4.2 Assoziierte Polynome

Sogenannte assoziierte Polynome sind Polynome über dem Restklassenkörper, die man den einzelnen Segmenten eines Newton-Polygons zuordnet. Sie wurden von Ore in [30] eingeführt und werden aktuell wieder von Montes, Nart und Guardia zur Ganzheitsbasenberechnung und Polynomfaktorisierung über lokalen Körpern genutzt (siehe [11]. Sie enthalten arithmetische Informationen zu den Körpererweiterungen, die von den irreduziblen Faktoren des zugrundeliegenden Polynoms erzeugt werden. In dieser Arbeit sind assoziierte Polynome ein wichtiges Hilfsmittel zur Beschreibung von Zerfällungskörpern von Eisensteinpolynomen.

Definition 4.1
Sei $f(x) = \sum_{i=0}^{n} a_i x^i \in \mathcal{O}_K[x]$ ein normiertes Polynom und sei $S = (u, v) \leftrightarrow (u + E, v - H)$ für nicht negative ganze Zahlen u, v, E, H ein Segment seines Newton-Polygons. Mit $d = \text{ggT}(E, H)$

hat S die Steigung $-\frac{h}{e} := -\frac{H/d}{E/d}$. Das *assoziierte Polynom* zu S ist

$$A_S(y) := \sum_{j=0}^{d}(a_{u+je}\pi^{-v+jh})y^j \in \underline{K}[y].$$

Die Punkte $(u+je, v-jh)$ sind die ganzzahligen Punkte auf S. Ein solcher Punkt führt zu einem Koeffizienten ungleich 0 von $A_S(y)$, wenn $\nu(a_{u+je}) = v - jh$ gilt. Daher sind insbesondere der 0-te und der d-te Koeffizient ungleich 0, das assoziierte Polynom hat also Grad d und ist nicht durch y teilbar.

Die assoziierten Polynome sind verträglich mit der Faktorisierung zum Newton-Polygon aus Satz 2.16:

Satz 4.2
Sei $f(x) \in \mathcal{O}_K[x]$ ein normiertes Polynom und sei $f(x) = \prod_{j=1}^{\ell} f_j(x)$ die Faktorisierung zu den Segmenten $S_1, \ldots, S_\ell$ des Newton-Polygons von $f(x)$. Dann ist für $1 \leq j \leq \ell$ das Newton-Polygon von $f_j(x)$ ein Segment und das assoziierte Polynom zu diesem Segment ist gleich $A_{S_j}(y)$.

Beweis: Siehe [30]. □

Im Folgenden wollen wir das assoziierte Polynom noch etwas genauer untersuchen und insbesondere seine Nullstellen mit Hilfe der Nullstellen von $f(x)$ beschreiben. Für jeden Erweiterungskörper L von K können wir $A_S(y)$ als Polynom über $\underline{L}$ betrachten.

Lemma 4.3
Sei $f(x) \in \mathcal{O}_K[x]$ ein normiertes Polynom vom Grad n mit einsegmentigem Newton-Polygon S der Steigung $-h/e$. Wir bezeichnen mit $\alpha = \alpha_1, \ldots, \alpha_n$ die Nullstellen von $f(x)$ und setzen $L = K(\alpha)$ und $\gamma = \frac{\alpha^e}{\pi^h} \in \mathcal{O}_L$.

a) Es gilt

$$A_S(\underline{\gamma} x^e) = \left(\frac{f(\alpha x)}{\pi^{nh/e}} \mod \pi_L \mathcal{O}_L[x]\right).$$

b) Sei N der Zerfällungskörper von $f(x)$ und $\gamma_i = \frac{\alpha_i^e}{\pi^h} \in N$ für $1 \leq i \leq n$. Jede Nullstelle von $A_S(y)$ in $\underline{N}$ hat die Form $\underline{\gamma_i}$ für ein $i \in \{1, \ldots, n\}$.

Beweis: Nach dem Newton-Polygon haben wir $\nu(\alpha) = h/e$ und $\nu(\gamma) = \nu(\gamma_i) = 0$. Es gilt

$$\frac{f(\alpha x)}{\pi^{nh/e}} = \sum_{i=0}^{n} \frac{a_i \alpha^i}{\pi^{nh/e}} x^i \equiv \sum_{j=0}^{n/e} \frac{a_{je}\alpha^{je}}{\pi^{nh/e}} x^{je} \mod \pi_L \mathcal{O}_L[x].$$

Denn wegen

$$\nu\left(\frac{a_i \alpha^i}{\pi^{nh/e}}\right) = \nu(a_i) - \frac{h}{e}(n-i)$$

können nur die ganzzahligen Punkte auf dem Polygon zu Koeffizienten mit Bewertung 0 führen, und die x-Koordinaten dieser Punkte sind Vielfache von e. Ersetzen wir nun α^e durch $\gamma \pi^h$ und stellen etwas um, erhalten wir

$$\frac{f(\alpha x)}{\pi^{nh/e}} \equiv \sum_{j=0}^{n/e} \frac{a_j e^{\pi^{jh}} (\gamma x^e)^j}{\pi^{nh/e}} = \sum_{j=0}^{n/e} a_j e^{\pi^{-nh/e+jh}} (\gamma x^e)^j \mod \pi_L \mathcal{O}_L[x].$$

und damit Behauptung a).
Die Nullstellen von $\frac{f(\alpha x)}{\pi^{nh/e}}$ haben die Form $\frac{\alpha_i}{\alpha}$. Darum haben nach a) die Nullstellen von $A_S(y)$ die Form $\gamma(\frac{\alpha_i}{\alpha})^e = \gamma_i$. □

Jetzt lässt sich mit den Sätzen 4.2 und 2.16 die entsprechende Aussage für mehrsegmentige Polygone folgern:

Korollar 4.4
Sei $f(x) = \sum_{i=0}^{n} a_i x^i \in \mathcal{O}_K[x]$ ein normiertes Polynom mit den Nullstellen $\alpha_1, \ldots, \alpha_n$ und seien $S_1, \ldots, S_\ell$ die Segmente des Newton-Polygons von $f(x)$ mit den Steigungen $-h_1/e_1 < \ldots < -h_\ell/e_\ell$. Weiter sei N der Zerfällungskörper von $f(x)$. Dann hat für $j \in \{1, \ldots, \ell\}$ jede Nullstelle von $A_{S_j}(y)$ in $\underline{N}$ die Form

$$\left(\frac{\alpha_i^{e_j}}{\pi^{h_j}}\right)$$

für ein α_i mit $\nu(\alpha_i) = h_j/e_j$.

Mit Lemma 4.3 ist klar, dass eine Faktorisierung des zu einem Segment assozierten Polynoms $A_{S_j}(y)$ in teilerfremde Faktoren zu einer weiteren Faktorisierung des Faktors $f_j(x)$ von $f(x)$ führt. Außerdem folgt aus der Darstellung der Nullstellen des assoziierten Polynoms, dass die Grade der irreduziblen Faktoren von $A_{S_j}(y)$ Teiler der Trägheitsgrade der von den Nullstellen von $f_j(x)$ erzeugten Erweiterungen sind.

Definition 4.5
Wir nennen den Grad des Zerfällungskörpers von $A_S(y) \in \underline{K}[y]$ über $\underline{K}$ *assoziierte Trägheit* zum Segment S.

4.3 Das Verzweigungspolygon

Wir wollen in dieser Arbeit Newton-Polygone benutzen, um Informationen über die Galoisgruppe von Eisensteinpolynomen zu erhalten. Das normale Newton-Polygon eines jeden Eisensteinpolynoms vom Grad n besteht aus einem Segment mit Steigung $-\frac{1}{n}$ und ist damit wenig hilfreich bei der Unterscheidung verschiedener Polynome bzw. der entsprechenden Galoisgruppen.

Transformiert man jedoch das Eisensteinpolynom geeignet und betrachtet dann das Polygon des neuen Polynoms, lässt sich einiges zur Struktur der Galoisgruppe ablesen. Dies führt zum Begriff des Verzweigungspolygons (siehe auch [38] und [36]).

Definition 4.6
Sei $f(x) = \sum_{i=0}^{n} a_i x^i \in K[x]$ ein normiertes Eisenstein-Polynom, α eine Nullstelle von $f(x)$ und $L = K(\alpha)$. Wir nennen das Polynom

$$g(x) = \sum_{i=0}^{n-1} b_i x^i := \frac{f(\alpha x + \alpha)}{\alpha^n x} \in L[x]$$

Verzweigungspolynom von $f(x)$ und das Newton-Polygon von $g(x)$ *Verzweigungspolygon* von $f(x)$. Wir bezeichnen das Verzweigungspolygon mit $\mathcal{V}_{f(x)}$.

Da 0 eine Nullstelle von $f(\alpha x+\alpha)$ ist, ist das Teilen durch x in der Definition erlaubt. Durch das Teilen durch α^n ist $g(x)$ wieder normiert, also $b_{n-1} = 1$. Die Bezeichnung Verzweigungspolygon wird klar, wenn man sich noch einmal die Definition der Verzweigungsgruppen (Definition 2.11) ins Gedächtnis ruft und $g(x)$ etwas umschreibt. Mit den Nullstellen $\alpha = \alpha_1, \ldots, \alpha_n$ von $f(x)$ gilt

$$g(x) = \prod_{i=2}^{n} \left(x - \frac{\alpha_i - \alpha}{\alpha} \right) \in \overline{K}[x]$$

und $\nu_L(\frac{\alpha_i-\alpha}{\alpha}) = \nu_L(\alpha_i - \alpha) - 1$. Ist die Erweiterung L/K galoissch mit Gruppe G, treten die gleichen Werte $\nu_L(\alpha_i - \alpha)$ in der Definition der j-ten Verzweigungsgruppe auf:

$$G_j = \{\sigma \in G \mid \nu_L(\sigma(\alpha) - \alpha) \geq j + 1\}.$$

Somit kann man also nach Satz 2.15 anhand des Verzweigungspolygons die Reihe $G = G_0 \geq G_1 \geq \ldots \geq G_\ell = \{\text{id}\}$ beschreiben, denn die Steigungen der Segmente liefern die Werte $\nu_L(\sigma(\alpha) - \alpha)$ für alle $\sigma \in G$ und die Längen der Projektionen auf die x-Achse die Größe der Faktoren G_i/G_{i+1}. Insbesondere impliziert ein Segment mit Steigung $-m$ im Verzweigungspolygon einen Sprung bei m in der Filtration von G, d.h. es gilt $G_m \neq G_{m+1}$.

Kapitel 4. Newton-Polygone

Es existiert auch eine nicht-galoissche Verzweigungstheorie für lokale Körper (siehe z.B. [13]). Darin wird anstelle der Galoisgruppe die Menge Γ der Einbettungen einer Körpererweiterung L/K in $\overline{K}$ untersucht und es können analog zum galoisschen Fall u-te Verzweigungs*mengen* Γ_u definiert werden:
$$\Gamma_u = \{\sigma \in \Gamma \mid \nu_L(\sigma(\alpha) - \alpha) \geq u\} \text{ für } u \geq 0 \in \mathbb{R}.$$

Die Mengen Γ_u bilden eine Filtration von Γ und man spricht von einem Sprung bei u, wenn $\Gamma_{u+\varepsilon} \neq \Gamma_u$ für ein $\varepsilon > 0$ gilt. Die Sprünge $0 \leq u_1 < u_2 < \ldots < u_\ell$ sind rationale Zahlen. In diesem allgemeineren Kontext beschreibt das Verzweigungspolygon die Filtration $\Gamma = \Gamma_{u_1} \supsetneq \Gamma_{u_2} \supsetneq \ldots \supsetneq \Gamma_{u_\ell} = \{\text{id}\}$, wobei $\Gamma_u = \Gamma_{u_i}$ für $u_{i-1} < u \leq u_i$ ist.

Die Zusammenhänge zwischen $\mathcal{V}_{f(x)}$ und den Verzweigungsgruppen bzw. -mengen der von $f(x)$ erzeugten Erweiterung L/K legen nahe, dass das Verzweigungspolygon eine Invariante der Erweiterung L/K darstellt und nicht von der Wahl des Eisensteinpolynoms abhängt. Dies wird im nächsten Satz bewiesen.

Satz 4.7
Sei $f(x) \in K[x]$ ein Eisensteinpolynom, α eine Nullstelle von $f(x)$ und $L = K(\alpha)$. Das Polygon $\mathcal{V}_{f(x)}$ und die assoziierte Trägheit der einzelnen Segmente (vgl. Definition 4.5) sind Invarianten der Erweiterung L/K.

Beweis: Sei $\beta = \delta\alpha$ mit $\delta \in \mathcal{O}_L^\times$ ein weiteres Primelement von L. Wir können δ in der Form $\delta = \delta_0 + \delta_1 \alpha + \delta_2 \alpha^2 + \ldots$ schreiben, wobei $\delta_i \in \mathcal{O}_K^\times$ für alle i ist. Seien $\beta = \beta_1, \ldots, \beta_n$ die Konjugierten von β. Wir müssen die beiden Verzweigungspolynome

$$g(x) = \prod_{i=2}^{n} \left(x - \frac{\alpha_i - \alpha}{\alpha}\right) = \prod_{i=2}^{n}\left(x - \left(-1 + \frac{\alpha_i}{\alpha}\right)\right) \in \overline{K}[x] \text{ und}$$

$$\tilde{g}(x) = \prod_{i=2}^{n} \left(x - \frac{\beta_i - \beta}{\beta}\right) = \prod_{i=2}^{n}\left(x - \left(-1 + \frac{\beta_i}{\beta}\right)\right) \in \overline{K}[x]$$

bzw. ihre Nullstellen vergleichen. Mit einer Polynomdivision erhält man für $1 \leq i \leq n$:

$$-1 + \frac{\beta_i}{\beta} = -1 + \frac{\delta_0 \alpha_i + \delta_1 \alpha_i^2 + \delta_2 \alpha_i^3 + \ldots}{\delta_0 \alpha + \delta_1 \alpha^2 + \delta_2 \alpha^3 + \ldots} = -1 + \frac{\alpha_i}{\alpha} + \frac{\delta_1(\alpha_i - \alpha)\alpha_i + \delta_2(\alpha_i^2 - \alpha^2)\alpha_i + \ldots}{\delta_0 \alpha + \delta_1 \alpha^2 + \delta_2 \alpha^3 + \ldots}.$$

Die L-Bewertung von $-1 + \alpha_i/\alpha$ ist gleich m für eine der Steigungen $-m$ von $\mathcal{V}_{f(x)}$. Wegen $\nu_L(\alpha_i - \alpha) = m+1$ und da $(\alpha_i - \alpha)$ nach der dritten binomischen Formel ein Teiler von $(\alpha_i^u - \alpha^u)$ für alle $u \in \mathbb{N}$ ist, ist die Bewertung des letzten Summanden oben größer gleich $m+1$ und es folgt $(-1 + \beta_i/\beta) \sim (-1 + \alpha_i/\alpha)$ (vgl. Definition 2.13). Damit gilt $\nu_L(-1 + \beta_i/\beta) = m$ und wir haben gezeigt, dass $\mathcal{V}_{f(x)}$ nicht von der Wahl des Primelements abhängt, also eine Invariante der Erweiterung ist.

Für die Aussage zur assoziierten Trägheit betrachten wir für beide Verzweigungspolynome das Segment der Steigung $-m = -h/e$. Das Polynom $A(y) \in \underline{L}[y]$ sei das entsprechende assoziierte Polynom zum Verzweigungspolynom $g(x)$ und $\tilde{A}(y) \in \underline{L}[y]$ sei das entsprechende assoziierte Polynom zum Verzweigungspolynom $\tilde{g}(x)$. Nach Korollar 4.4 können wir mit den Nullstellen $-1+\alpha_i/\alpha$ bzw. $-1+\beta_i/\beta$ der Bewertung m die Nullstellen der assoziierten Polynome beschreiben. Wir haben wegen $(-1 + \beta_i/\beta) \sim (-1 + \alpha_i/\alpha)$ den Zusammenhang

$$\frac{(-1+\beta_i/\beta)^e}{\beta^h} \sim \frac{(-1+\alpha_i/\alpha)^e}{\alpha^h} \cdot \frac{1}{\delta^h}.$$

Die Nullstellen von $\tilde{A}(y)$ unterscheiden sich also von den Nullstellen von $A(y)$ nur um den Faktor $\underline{\delta}^{-h}$ im Grundkörper $\underline{L}$. Damit sind die Zerfällungskörper von $A(y)$ und $\tilde{A}(y)$ gleich und wir haben auch für die assoziierten Trägheiten der Segmente die Unabhängigkeit von der Wahl des Eisensteinpolynoms gezeigt. □

Definition 4.8
Nach Satz 4.7 können wir vom Verzweigungspolygon einer total verzweigten Erweiterung sprechen. Wir definieren $\mathcal{V}_{L/K} := \mathcal{V}_{f(x)}$ für ein beliebiges Eisensteinpolynom $f(x)$, das L/K erzeugt.

In einem Kompositum mit einer zahm verzweigten Erweiterung verhält sich $\mathcal{V}_{L/K}$ genauso wie ein „normales" Newton-Polygon:

Lemma 4.9
Sei L/K total verzweigt vom Grad p^r und seien $-m_1, \ldots, -m_\ell$ die Steigungen von $\mathcal{V}_{L/K}$. Weiter sei T/K zahm verzweigt mit Verzweigungsindex e und $N = LT$. Dann entspricht $\mathcal{V}_{N/T}$ dem um den Faktor e „gestreckten" Polygon $\mathcal{V}_{L/K}$, d.h. $\mathcal{V}_{N/T}$ hat die Steigungen $-e \cdot m_1, \ldots, -e \cdot m_\ell$.

Beweis: Sei $f(x)$ eisenstein vom Grad p^r über K mit den Nullstellen $\alpha = \alpha_1, \ldots, \alpha_{p^r}$ und $L = K(\alpha)$. Sei β ein Primelement von T. Über T ist $f(x)$ immer noch irreduzibel, weil sein Newton-Polygon aus einem Segment der Steigung e/p^r besteht (siehe Satz 2.17). Wir wählen $a, b \in \mathbb{N}$, so dass $ae - bp^r = 1$ gilt, und erhalten $\nu_T(\alpha^a/\beta^b) = 1/p^r$. Das Element α^a/β^b ist also ein Primelement und ein primitives Element für N/T. Das Verzweigungspolynom $g(x) \in \mathcal{O}_N[x]$ vom Minimalpolynom von α^a/β^b ist

$$g(x) = \prod_{i=2}^{p^r} \left(x - (-1 + \frac{\alpha_i^a}{\beta^b}\frac{\beta^b}{\alpha^a})\right) = \prod_{i=2}^{p^r} \left(x - (-1 + \frac{\alpha_i^a}{\alpha^a})\right) \in \overline{K}[x].$$

Jeder Quotient α_i/α ist von der Form $1+\delta\alpha^{m_j}$ mit $\delta \in \mathcal{O}_{\overline{K}}^\times$ für ein $1 \leq j \leq r$. Wegen $\text{ggT}(a,p) = 1$ folgt daraus $(\alpha_i/\alpha)^a = (1+\delta\alpha^{m_j})^a = 1 + a\delta\alpha^{m_j} + \ldots$ und somit $\nu_N\left(-1 + \frac{\alpha_i^a}{\alpha^a}\right) = e \cdot m_j$. □

Wir wollen jetzt die Form von $\mathcal{V}_{L/K}$ noch etwas genauer untersuchen. Es wird sich herausstellen, dass es ausreicht, nur bestimmte Koeffizienten des Verzweigungspolynoms zu betrachten, um das Polygon zu zeichnen. Das folgende Lemma findet man auch in [38].

Lemma 4.10
Sei $f(x) = \sum_{i=0}^{n} a_i x^i \in K[x]$ ein Eisensteinpolynom und $n = e_0 p^r$ mit $p \nmid e_0$. Weiter sei α eine Nullstelle von $f(x)$ sowie $L = K(\alpha)$. Dann gilt für die Koeffizienten des Polynoms $h(x) = \sum_{i=0}^{n} c_i x^i := f(\alpha x + \alpha) \in L[x]$, dass

a) $\nu_L(c_i) \geq n$ für alle i.

b) $\nu_L(c_{p^r}) = \nu_L(c_n) = n$.

c) $\nu_L(c_i) \geq \nu_L(c_{p^s})$ für $p^s \leq i < p^{s+1}$ und $s < r$.

Beweis: Mit Hilfe des Binomischen Lehrsatzes erhält man aus $h(x) = \sum_{i=0}^{n} a_i (\alpha x + \alpha)^i$ die Koeffizienten $c_i = \sum_{j=i}^{n} \binom{j}{i} a_j \alpha^j$. Weil $f(x)$ eisenstein ist, wird $\nu_L(a_j)$ von n geteilt. Außerdem teilt n auch $\nu_L(\binom{j}{i})$ wegen $\binom{j}{i} \in \mathbb{Z}$. Damit gilt $\nu_L(\binom{j}{i} a_j \alpha^j) \equiv j \mod n$ für alle j. Die einzelnen Summanden in c_i haben also verschiedene Bewertungen und es gilt

$$\nu_L(c_i) = \min_{i \leq j \leq n} \nu_L\left(\binom{j}{i} a_j \alpha^j\right)$$

nach der ultrametrischen Dreiecksungleichung. Es ist $\nu_L(\binom{j}{i} a_j \alpha^j) \geq n\nu(a_j) + j$ mit $\nu(a_j) \geq 1$ für $j < n$. Daraus folgt a). Wegen $p \nmid \binom{n}{p^r}$ und $a_n = 1$ gilt $\nu_L(\binom{n}{p^r} a_n \alpha^n) = n$ und damit b). Sei nun $i \in \{p^s, \ldots, p^{s+1} - 1\}$ und $\nu_L(c_i) = \nu_L(\binom{j}{i} a_j \alpha^j)$ für ein $j \in \{i, \ldots, n\}$. Wegen $\nu_p(\binom{j}{i}) \geq \nu_p(\binom{j}{p^s})$ für $j \geq i$ ist $\nu_L(c_i) \geq \nu_L(\binom{j}{p^s} a_j \alpha^j)$ und somit auch $\nu_L(c_i) \geq \nu_L(c_{p^s})$. □

Will man das Newton-Polygon von $g(x) = \sum_{i=0}^{n-1} b_i x^i = \frac{h(x)}{\alpha^n x}$ zeichnen, reicht es nach Lemma 4.10 aus, die Koeffizienten b_{p^s-1} für $0 \leq s \leq r$ sowie $b_{n-1} = 1$ zu betrachten. Das Teilen durch x bewirkt die Indexverschiebung und das Teilen durch α^n setzt alle Bewertungen um den Wert n herab. Damit lässt sich das Verzweigungspolygon wie im folgenden Korollar beschreiben.

Korollar 4.11
Das Verzweigungspolygon von $f(x) = \sum_{i=0}^{n} a_i x^i$ mit $n = e_0 p^r$ und $p \nmid e_0$ ist die untere konvexe Hülle der Menge

$$\left\{\left(p^s - 1, \min_{p^s \leq j \leq n}\{\nu_L(\binom{j}{p^s}) + \nu_L(a_j) + j - n\}\right) \;\middle|\; 0 \leq s < r\right\} \cup \left\{(p^r - 1, 0), (n - 1, 0)\right\}$$

im $\mathbb{R}^2$.

Aus Korollar 4.11 kann man nützliche Abschätzungen zu Lage und Form des Verzweigungspolygons folgern. Wir beschränken uns auf den Fall $n = p^r$.

Korollar 4.12
Sei $f(x) \in K[x]$ eisenstein vom Grad p^r. Dann gilt:

a) Die konvexe Hülle der Menge

$$\{ (p^s - 1, p^r \cdot (r - s) \cdot \nu(p)) \mid 0 \leq s \leq r \} \subset \mathbb{R}^2$$

ist eine obere Abschätzung für $\mathcal{V}_{f(x)}$, das heißt, die Segmente des Verzweigungspolygons liegen unter oder maximal auf dieser konvexen Hülle.

b) Besteht $\mathcal{V}_{f(x)}$ nur aus einem Segment der Steigung $-m$, so ist

$$m \leq \frac{p \cdot \nu(p)}{p - 1}.$$

Beweis: Sei $f(x) = \sum_{i=0}^{p^r} a_i x^i$. Es ist $a_{p^r} = 1$. Darum gilt für die y-Koordinaten der Punkte aus Korollar 4.11

$$\min_{p^s \leq j \leq p^r} \{ \nu_L(\binom{j}{p^s}) + \nu_L(a_j) + j - p^r \} \leq \nu_L(\binom{p^r}{p^s}) + \nu_L(1) + p^r - p^r = \nu_L(\binom{p^r}{p^s})$$

für $0 \leq s \leq r$. Mit

$$\nu_L(\binom{p^r}{p^s}) = p^r \nu(\binom{p^r}{p^s}) = p^r \nu(p) \nu_p(\binom{p^r}{p^s})$$

und $\nu_p(\binom{p^r}{p^s}) = r - s$ (siehe z.B. [32], Abschnitt 3.7) folgt Behauptung a).
Wenn $\mathcal{V}_{f(x)}$ nur aus einem Segment besteht, liefert uns die Steigung der Strecke zwischen den beiden niedrigsten Punkten $(p^{r-1}-1, p^r \nu(p))$ und $(p^r - 1, 0)$ eine obere Schranke für die Steigung des Polygons. Sie ist gleich

$$\frac{p^r \nu(p)}{p^{r-1}(p-1)} = \frac{p \cdot \nu(p)}{p - 1}.$$

□

Beispiel 4.1
David Romano betrachtet in seiner Arbeit [36] sogenannte „starke Eisensteinpolynome". Das sind Eisensteinpolynome, bei denen auch der Koeffizient von x ein Primelement ist. Sei $f(x) = \sum_{i=0}^n a_i x^i \in K[x]$ stark eisenstein vom Grad $n = p^r$ und $L = K(\alpha)$ für eine Nullstelle α von $f(x)$. Weil $f(x)$ eisenstein ist, gilt $\nu_L(\binom{j}{p^s}) + \nu_L(a_j) + j - n \geq 1$ für $1 \leq j \leq n$ und $0 \leq s < r$. Wegen $\nu_L(a_1) = n$ wird das Minimum 1 für $j = 1$ und $s = 0$ angenommen: $\nu_L(\binom{1}{1}) + \nu_L(a_1) + 1 - n = 1$. Daraus folgt mit Korollar 4.11, dass $\mathcal{V}_{f(x)}$ aus genau einem Segment besteht, welches die Punkte $(0, 1)$ und $(n - 1, 0)$ verbindet. •

Kapitel 4. Newton-Polygone

Wir legen folgende allgemeine Notation fest:
Das Eisenstein-Polynom $f(x)$ habe Grad $n = e_0 p^r$ und $\ell+1$ Segmente im Verzweigungspolygon. Das heißt, es existieren natürliche Zahlen $0 = s_0 < s_1 < \ldots < s_\ell = r$, so dass das i-te Segment S_i die Form $(p^{s_{i-1}} - 1, \nu_L(b_{p^{s_{i-1}}-1})) \leftrightarrow (p^{s_i} - 1, \nu_L(b_{p^{s_i}-1}))$ hat für $1 \leq i \leq \ell$. Das letzte horizontale Segment ist $S_{\ell+1} = (p^r - 1, 0) \leftrightarrow (n - 1, 0)$. Mit $-m_1 < -m_2 < \ldots < -m_{\ell+1} = 0$ bezeichnen wir die Steigungen der Segmente (vgl. Abbildung 4.1).

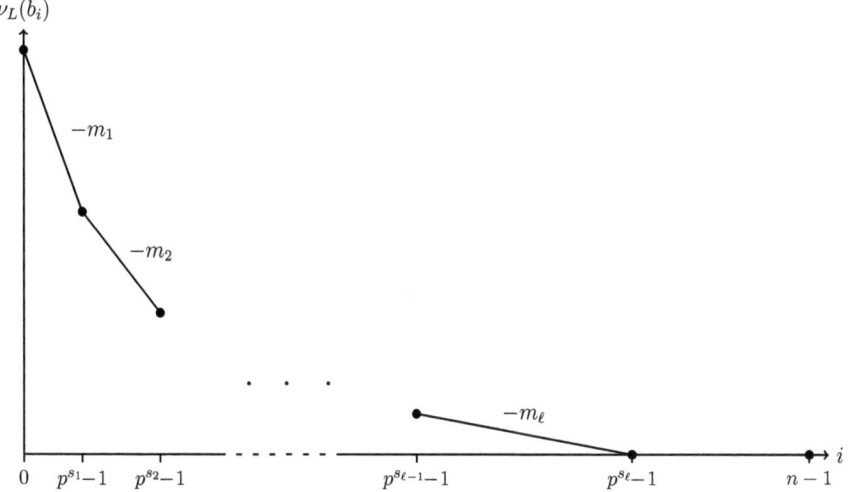

Abbildung 4.1: Allgemeine Form des Verzweigungspolygons

Wir werden nun noch beschreiben, wie man das assoziierte Polynom $A_S(y) \in \underline{L}[y] \cong \underline{K}[y]$ zu einem Segment S von $\mathcal{V}_{f(x)}$ berechnen kann (vgl. Definition 4.1). Ähnlich wie bei der Bestimmung des Polygons selbst, müssen wir dafür nicht das Verzweigungspolynom betrachten bzw. Berechnungen in der Erweiterung L durchführen. Wir beschränken uns auf die ersten ℓ Segmente, da wir das assoziierte Polynom zum letzten Segment im Weiteren nicht benötigen. Sei nun S eines der Segmente $S_1, \ldots, S_\ell$.

Nach Definition 4.1 und Lemma 4.10 führen nur Punkte $P_s = (p^s-1, \nu_L(b_{p^s-1}))$ auf S zu Koeffizienten ungleich 0 von $A_S(y)$. Der gesuchte Koeffizient ist dann die Restklasse von $b_{p^s-1}/\alpha^{\nu_L(b_{p^s-1})}$ in $\underline{L}$.

Es ist
$$b_{p^s-1} = \sum_{j=p^s}^{n} \binom{j}{p^s} a_j \alpha^{j-n},$$

wobei alle Summanden verschiedene Bewertung haben (Beweis von Lemma 4.10). Sei $j = m$ der Index des Summanden mit der minimalen Bewertung. Dann gilt

$$b_{p^s-1} \sim \binom{m}{p^s} a_m \alpha^{m-n}$$

(vgl. Definition 2.13). Wir untersuchen den Ausdruck auf der rechten Seite weiter. Weil $f(x)$ eisenstein ist, existiert ein $\varepsilon_0 \in \mathcal{O}_K^\times$ mit $\pi = -\varepsilon_0 a_0$. Daraus folgt, dass $\pi = \varepsilon_0(\alpha^n + a_{n-1}\alpha^{n-1} + \ldots + a_1\alpha)$ und daher $\pi \sim \varepsilon_0 \alpha^n$ gilt. Weiter seien die Einheiten $\varepsilon_1, \varepsilon_2, \varepsilon_3 \in \mathcal{O}_K^\times$ durch $p = \varepsilon_1 \pi^{e_K}$, $a_m = \varepsilon_2 \pi^{r_2}$ und $\binom{m}{p^s} = \varepsilon_3 p^{r_3}$ für $r_2 = \nu(a_m)$ und $r_3 = \nu_p(\binom{m}{p^s})$ bestimmt. Damit erhalten wir

$$\binom{m}{p^s} a_m \alpha^{m-n} \sim \varepsilon_0^{r_3 e_K + r_2} \varepsilon_1^{r_3} \varepsilon_2 \varepsilon_3 \alpha^{r_3 e_K n + n r_2 + m - n}.$$

Beim Teilen durch $\alpha^{\nu_L(b_{p^s-1})}$ muss genau der α-Anteil des Produktes wegfallen. Folglich ist die Restklasse von $b_{p^s-1}/\alpha^{\nu_L(b_{p^s-1})}$ in $\underline{L}$ gleich

$$\underline{\varepsilon_0}^{r_3 e_K + r_2} \cdot \underline{\varepsilon_1}^{r_3} \cdot \underline{\varepsilon_2} \cdot \underline{\varepsilon_3}.$$

Algorithmus 4.2 (Verzweigungspolygon und assoziierte Polynome)

Input:

Ein Eisensteinpolynom $f(x) = \sum_{i=0}^n a_i x^i \in K[x]$ vom Grad $n = e_0 p^r$ ($p \nmid e_0$).

Output:

Das Polygon $\mathcal{V}_{f(x)}$ und die assoziierten Polynome über $\mathbb{F}_q$ zu den Segmenten $S_1, \ldots, S_\ell$ von $\mathcal{V}_{f(x)}$ mit negativer Steigung.

VerzweigungspolygonPlus($f(x)$)

(1) bestimme die Punkte

$$P_s = \left(p^s - 1, \min_{p^s \leq j \leq n}\left\{n\nu(\binom{j}{p^s}) + n\nu(a_j) + j - n\right\}\right) \quad \text{für } 1 \leq s \leq r$$

(2) speichere zu jedem Punkt P_s den Index j, für den das Minimum angenommen wird in der Variable m_s

(3) bestimme $\mathcal{V}_{f(x)}$ als untere konvexe Hülle von $\{P_s | 0 \leq s \leq r\} \cup \{(p^r - 1, 0), (n-1, 0)\}$ und erhalte so die Segmente $S_1, \ldots, S_{\ell+1}$

(4) setze $\delta_0 := \underline{(-\pi/a_0)}$ und $\delta_1 := \underline{(p/\pi^{e_K})} \in \mathbb{F}_q$

(5) **für** $1 \leq i \leq \ell$

    (6) **für** jeden Punkt P_s auf S_i

        (7) setze $r_2 := \nu(a_{m_s})$ und $r_3 := \nu_p(\binom{m_s}{p^s})$

        (8) setze $\delta_2 := \underline{(a_{m_s}/\pi^{r_2})}$ und $\delta_3 := \underline{((\binom{m_s}{p^s})/p^{r_3})} \in \mathbb{F}_q$

        (9) berechne den Koeffizienten $\delta_0^{r_3 e_K + r_2} \cdot \delta_1^{r_3} \cdot \delta_2 \cdot \delta_3$ von $A_{S_i}(y)$

    (10) konstruiere aus den berechneten Koeffizienten das Polynom $A_{S_i}(y) \in \mathbb{F}_q[y]$ nach Definition 4.1

(11) **gib** $\mathcal{V}_{f(x)}$ und $A_{S_1}(y), \ldots, A_{S_\ell}(y)$ **zurück**

Bemerkungen zum Algorithmus:

Die „Unterstrich-Abbildung" in den Schritten (4) und (8) entspricht der Restklassenabbildung von $\mathcal{O}_K$ nach $\underline{K}$. Die Elemente $\delta_0, \ldots, \delta_3 \in \mathbb{F}_q$ sind die Restklassen der Einheiten $\varepsilon_0, \ldots, \varepsilon_3$ aus den vorbereitenden Erläuterungen. Wegen $\underline{K} \cong L$ können die assoziierten Polynome über $\underline{K} \cong \mathbb{F}_q$ interpretiert werden.

Satz 4.13 (Aufwand von Algorithmus 4.2)
Zur korrekten Berechnung von $\mathcal{V}_{f(x)}$ und den Polynomen $A_{S_1}(y), \ldots, A_{S_\ell}(y)$ zu einem Eisensteinpolynom $f(x) \in K[x]$ benötigt man zu jedem Koeffizienten von $f(x)$ nur den ersten Summanden seiner p-adischen Normalreihe sowie eine Darstellung $p = \varepsilon \pi^{e_K}$ mit $\varepsilon \in \mathcal{O}_K{}^\times$ der Primzahl p.

Aus diesen Eingabedaten lassen sich das Polygon und die assoziierten Polynome mit einem Aufwand von $O(n \log n)$ Rechenoperationen in $\mathbb{Z}$ und $O(\log n)$ Rechenoperationen in $\mathbb{F}_q$ bestimmen, wobei n der Grad von $f(x)$ ist.

Beweis: Am ersten Summanden der Reihe eines Koeffizienten a_i lässt sich seine Bewertung sowie die Restklasse von $a_i/\pi^{\nu(a_i)}$ ablesen (Schritte (1), (4), (7) und (8)). Zur Bestimmung von δ_1 (Schritt (4)) benötigt man die Darstellung von p. Daraus folgt die erste Aussage.

Die Berechnung der Punkte P_s in (1) braucht $O(n \log n)$ Rechenoperationen in $\mathbb{Z}$. Zusammen mit den Operationen in $\mathbb{Z}$ für r_3 und δ_3 ist das immer noch $O(n \log n)$. Wir gehen davon aus, dass das Polygon bekannt ist, wenn wir die entsprechende Punktemenge kenne, veranschlagen also keinen Aufwand für das Bestimmen der konvexen Hülle. Die Werte für δ_0, δ_1 und δ_2 in jedem Durchlauf der Schleifen (5) und (6) lesen wir direkt aus den Eingabedaten ab. Schließlich wird die Rechnung in Schritt (9) maximal $\nu_p(n) = r$ mal durchgeführt, weil es maximal r Punkte der Form P_s auf $\mathcal{V}_{f(x)}$ geben kann. □

4.4 Teilkörper zum Verzweigungspolygon

Im vorherigen Abschnitt wurde erläutert, dass das Verzweigungspolygon einer total verzweigten Körpererweiterung eng mit der Reihe der Verzweigungsgruppen (bzw. -mengen im nichtgaloisschen Fall) zusammenhängt. Dieser Zusammenhang lässt sich zur Beschreibung und Berechnung der Fixkörper unter den Verzweigungsgruppen bzw. -mengen ausnutzen. Wichtigstes Hilfsmittel sind dabei sogenannte Blöcke der Galoisgruppe.

Die Galoisgruppe G eines irreduziblen Polynoms $f(x) \in K[x]$ vom Grad n operiert transitiv auf der Menge der Nullstellen $\Omega = \{\alpha_1, \ldots, \alpha_n\}$ von $f(x)$.

Definition 4.14
Eine nicht-leere Teilmenge Δ von Ω heißt *Block*, wenn $\sigma(\Delta) \cap \Delta \in \{\emptyset, \Delta\}$ für alle $\sigma \in G$ gilt. Mit $G_\Delta := \{\sigma \in G \mid \sigma(\Delta) = \Delta\}$ bezeichnen wir den *Stabilisator* von Δ. Die Menge $\{\sigma(\Delta) \mid \sigma \in G\} =: \{\Delta = \Delta^{(1)}, \ldots, \Delta^{(k)}\}$ ist das *Blocksystem* zu Δ. Es bildet eine Partition von Ω, daher gilt $n = k \cdot |\Delta|$.

Es gibt einen direkten Zusammenhang zwischen Blöcken und Teilkörpern. Für eine Untergruppe H der Galoisgruppe bezeichnen wir mit Fix(H) den Fixkörper unter H nach dem Hauptsatz der Galoistheorie (Satz 2.18).

Satz 4.15
Sei $f(x) \in K[x]$ irreduzibel vom Grad n, $f(\alpha) = 0$, $L = K(\alpha)$ und $G = \mathrm{Gal}(f(x))$.

a) *Die Korrespondenz $\Delta \mapsto \mathrm{Fix}(G_\Delta)$ ist eine Bijektion zwischen der Menge der Blöcke von G, die α enthalten, und der Menge der Teilkörper von L/K.*

b) *Seien Δ_1, Δ_2 zwei Blöcke, die α enthalten, und seien L_1, L_2 die zugeordneten Teilkörper. Dann gilt $L_1 \subseteq L_2$ genau dann, wenn $\Delta_2 \subseteq \Delta_1$ gilt.*

Beweis: Siehe z.B. [20]. □

Fix(G_Δ) ist Teilkörper von L/K, da $G_\alpha \leq G_\Delta \leq G$ aufgrund der Blockeigenschaft von Δ gilt. Dabei bezeichnen wir mit G_α den Stabilisator von α. Bei einem Block der Länge d hat der zugehörige Teilkörper den Grad n/d über K.

Zu einem Teikörper E sei $H \leq G$ die Gruppe mit $E = \mathrm{Fix}(H)$. Dann ist der zugehörige Block Δ die Bahn von α unter H, also $\Delta = \{\tau(\alpha) \mid \tau \in H\}$.

Kapitel 4. Newton-Polygone

Wir wollen in diesem Buch Teilkörper bei der Berechnung von G zur Hilfe nehmen und können daher nicht anhand von Definition 4.14 Blöcke bestimmen. Es stellt sich aber heraus, dass das Verzweigungspolygon bestimmte Blöcke und damit Teilkörper liefert.

Seien $\alpha = \alpha_1, \ldots, \alpha_n$ die Nullstellen von $f(x)$ im algebraischen Abschluss von K sowie $L = K(\alpha)$. Wir wählen die Nummerierung der α_i passend zum Verzweigungspolygon, das heißt, es gilt $\nu_L(\frac{\alpha_2-\alpha}{\alpha}) = \ldots = \nu_L(\frac{\alpha_{p^{s_1}}-\alpha}{\alpha}) = m_1$, $\nu_L(\frac{\alpha_{p^{s_1}+1}-\alpha}{\alpha}) = \ldots = \nu_L(\frac{\alpha_{p^{s_2}}-\alpha}{\alpha}) = m_2$ und so weiter (vgl. Abbildung 4.1).

Lemma 4.16
Die Galoisgruppe von $f(x)$ hat die Blöcke $\Delta_i = \{\alpha_1, \ldots, \alpha_{p^{s_i}}\}$ für $1 \leq i \leq \ell$. Wir können die Nullstellen $\alpha_1, \ldots, \alpha_n$ so anordnen, dass die konjugierten Blöcke von Δ_i von der Form $\Delta_i^{(r)} = \{\alpha_{(r-1)p^{s_i}+1}, \ldots, \alpha_{rp^{s_i}}\}$ für $1 \leq r \leq k$ und $k = n/p^{s_i}$ sind.

Beweis: Sei $\sigma \in \text{Gal}(f(x))$. Wir zeigen, dass $\sigma(\Delta_i) \cap \Delta_i$ leer oder gleich Δ_i ist.
Fall 1: Es gelte $\sigma(\alpha_1) \in \Delta_i$, also $\nu_L(\sigma(\alpha_1) - \alpha_1) \geq m_i + 1$ nach dem Verzweigungspolygon. Dann gilt für beliebiges $\alpha_j \in \Delta_i$, dass

$$\nu_L(\sigma(\alpha_j) - \alpha_1) = \nu_L(\sigma(\alpha_j) - \sigma(\alpha_1) + \sigma(\alpha_1) - \alpha_1) = \nu_L(\sigma(\alpha_j - \alpha_1) + (\sigma(\alpha_1) - \alpha_1))$$

$$\geq \min\{\nu_L(\sigma(\alpha_j - \alpha_1)), \nu_L(\sigma(\alpha_1) - \alpha_1)\} \geq m_i + 1$$

ist. Denn $\nu_L(\sigma(\alpha_j - \alpha_1))$ ist ebenfalls größer oder gleich $m_i + 1$, weil die Automorphismen der Galoisgruppe die Bewertung erhalten. Da nach dem Verzweigungspolygon nur die Differenzen $\alpha_k - \alpha_1$ für $k \leq p^{s_i}$ eine Bewertung größer oder gleich $m_i + 1$ haben, folgt daraus $\sigma(\alpha_j) \in \Delta_i$.
Fall 2: Nun gelte $\sigma(\alpha_1) \notin \Delta_i$, also $\nu_L(\sigma(\alpha_1) - \alpha_1) < m_i + 1$ nach dem Polygon. Jetzt haben wir für beliebiges $\alpha_j \in \Delta_i$, dass

$$\nu_L(\sigma(\alpha_j) - \alpha_1) = \nu_L(\sigma(\alpha_j - \alpha_1) + (\sigma(\alpha_1) - \alpha_1)) = \min\{\nu_L(\sigma(\alpha_j - \alpha_1)), \nu_L(\sigma(\alpha_1) - \alpha_1)\}$$

$$= \nu_L(\sigma(\alpha_1) - \alpha_1) < m_i + 1$$

gilt und daher ist $\sigma(\alpha_j) \notin \Delta_i$.
Die Nummerierung der Nullstellen passend zu $\mathcal{V}_{f(x)}$ und die Umnummerierung passend zu den Blocksystemen $\{\Delta_i^{(1)}, \ldots, \Delta_i^{(k)}\}$ sind konsistent wegen $\Delta_1 \subset \Delta_2 \subset \ldots \subset \Delta_\ell$. □

Der nächste Satz gibt die Teilkörper zu den soeben bestimmten Blöcken an.

Satz 4.17
Sei $f(x) \in K[x]$ ein Eisensteinpolynom mit einem Verzweigungspolygon wie in Abbildung 4.1 und L/K die von $f(x)$ erzeugte Körpererweiterung. Dann existieren für $0 \leq i \leq \ell$ Teilkörper

$L_i = K(\beta_i)$ mit $\beta_i = \alpha_1 \cdot \ldots \cdot \alpha_{p^{s_i}}$. Es gilt $L = L_0 \supset L_1 \supset \ldots \supset L_\ell \supset K$ mit $[L_i : L_{i+1}] = p^{s_{i+1}-s_i}$ für $i \leq \ell - 1$ und $[L_\ell : K] = e_0$.

Beweis: Wir zeigen, dass $L_i = \text{Fix}(G_{\Delta_i})$ für $\Delta_i = \{\alpha_1, \ldots, \alpha_{p^{s_i}}\}$ ist (vgl. Lemma 4.16). Das Element β_i bleibt invariant unter der Operation von G_{Δ_i}, es gilt also $L_i \subseteq \text{Fix}(G_{\Delta_i})$. Wegen $\nu_L(\beta_i) = p^{s_i}$ und weil L/K total verzweigt ist, haben wir aber auch $[L : L_i] = p^{s_i} = [L : \text{Fix}(G_{\Delta_i})]$ und damit die behauptete Gleichheit. Die Inklusions- und die Gradaussage folgen nun direkt aus Satz 4.15. □

Im Fall L/K galoissch entsprechen die Block-Stabilisatoren G_{Δ_i} höheren Verzweigungsgruppen von L/K. Daher sind ihre Fixkörper L_i genau die Verzweigungskörper von L/K. Genauer gesagt ist G_{Δ_1} gleich der kleinsten nicht-trivialen Verzweigungsgruppe und damit L_1 der größte echt in L enthaltene Verzweigungskörper. G_{Δ_2} ist gleich der nächstgrößeren Verzweigungsgruppe und L_2 der zweitgrößte Verzweigungskörper und so weiter.

Ähnlich lassen sich die Teilkörper L_i im Kontext der nicht-galoisschen Verzweigungstheorie als Fixkörper unter den Verzweigungsmengen interpretieren. Dafür sei noch einmal auf die Zusammenfassung [13] verwiesen.

4.5 Berechnung der Teilkörper

Satz 4.17 liefert nur eine theoretische Beschreibung der Teilkörper L_i, da uns die Nullstellen $\alpha = \alpha_1, \ldots, \alpha_n$ von $f(x)$ im Allgemeinen nicht bekannt sind. Für eine explizite Berechnung benötigt man die Elemente β_i in der Körpererweiterung $L = K \cdot 1 + K \cdot \alpha + \ldots + K \cdot \alpha^{n-1}$, also eine Darstellung der β_i in der K-Basis $1, \alpha, \ldots, \alpha^{n-1}$ von L. Dann ist man in der Lage ein Minimalpolynom von β_i über K zu berechnen und hat den Teilkörper L_i inklusive Einbettung in L/K.

Wir benutzen die Faktorisierung des Verzweigungspolynoms $g(x)$ zum Verzweigungspolygon, die wie in Abschnitt 4.1 berechnet werden kann:

$$g(x) = g_1(x) \cdot \ldots \cdot g_{\ell+1}(x) \in L[x] \text{ mit } g_j(x) = \prod_{\nu_L(\frac{\alpha_i - \alpha}{\alpha}) = m_j} (x - \frac{\alpha_i - \alpha}{\alpha}) \in \overline{L}[x].$$

Jetzt machen wir die Transformation von $f(x)$ zu $g(x)$ bei den einzelnen Faktoren rückgängig und definieren

$$f_j(x) := g_j(\frac{x-\alpha}{\alpha}) \alpha^{\text{Grad}(g_j)} \quad \text{für } 2 \leq j \leq \ell+1 \quad \text{und}$$

$$f_1(x) := (x-\alpha) g_1(\frac{x-\alpha}{\alpha}) \alpha^{\text{Grad}(g_1)}.$$

Damit gilt $f(x) = f_1(x) \cdot \ldots \cdot f_{\ell+1}(x) \in L[x]$, wir haben also eine Faktorisierung von $f(x)$ über L „zum Verzweigungspolygon". Genauer gesagt gilt über dem algebraischen Abschluss von L

$$f_j(x) = g_j(\frac{x-\alpha}{\alpha}) \alpha^{\text{Grad}(g_j)} = \prod_{\nu_L(\frac{\alpha_i-\alpha}{\alpha})=m_j} (\frac{x-\alpha}{\alpha} - \frac{\alpha_i-\alpha}{\alpha}) \alpha^{\text{Grad}(g_j)} = \prod_{\nu_L(\frac{\alpha_i-\alpha}{\alpha})=m_j} (x-\alpha_i)$$

für $2 \leq j \leq \ell+1$ bzw.

$$f_1(x) = (x-\alpha) \prod_{\nu_L(\frac{\alpha_i-\alpha}{\alpha})=m_1} (x-\alpha_i).$$

Algorithmus 4.3 (Faktorisierung zum Verzweigungspolygon)

Input: Ein Eisensteinpolynom $f(x) \in K[x]$.

Output: Die Faktorisierung von $f(x)$ zu $\mathcal{V}_{f(x)}$ wie oben beschrieben.

VPFaktoren$(f(x))$

  erzeuge $L = K(\alpha)$ für eine Nullstelle α von $f(x)$

  berechne das Verzweigungspolynom $g(x) \in L[x]$ von $f(x)$

  $g_1(x), \ldots, g_{\ell+1}(x) :=$ *NewtonPolygonFaktoren*$(g(x))$

  setze $f_1(x) := (x-\alpha) g_1(\frac{x-\alpha}{\alpha}) \alpha^{\text{Grad}(g_1)}$

  für $2 \leq j \leq \ell+1$

    setze $f_j(x) := g_j(\frac{x-\alpha}{\alpha}) \alpha^{\text{Grad}(g_j)}$

  gib $f_1(x), \ldots, f_{\ell+1}(x) \in L[x]$ **zurück**

Die gesuchte Darstellung für $\beta_i = \alpha_1 \cdot \ldots \cdot \alpha_{p^{s_i}}$ in L lässt sich jetzt aus den Faktoren $f_j(x)$ bestimmen. Das Element β_i ist gleich dem absoluten Koeffizienten von $f_1(x) \cdot \ldots \cdot f_i(x)$, denn es gilt

$$f_1(x) \cdot \ldots \cdot f_i(x) = \prod_{1 \leq j \leq p^{s_i}} (x-\alpha_j) \in \overline{L}[x].$$

Wir geben zwei Algorithmen zur Berechnung der Teilkörper zum Verzweigungspolygon aus Satz 4.17 an, die sich in der Art ihrer Ausgabe unterscheiden. Algorithmus 4.4 bestimmt für jeden

Körper ein erzeugendes Polynom und die Darstellung einer Nullstelle des Polynoms in L/K. Algorithmus 4.5 konstruiert rekursiv den Körperturm $L \supset L_1 \supset \ldots \supset L_\ell \supset K$. Beide Verfahren nutzen die Faktorisierung zum Verzweigungspolygon (Algorithmus 4.3).

Algorithmus 4.4 (Teilkörper zum Verzweigungspolygon)

Input:
Ein Eisensteinpolynom $f(x) \in K[x]$.

Output:
Die Teilkörper zu $\mathcal{V}_{f(x)}$. Für jeden Teilkörper wird ein erzeugendes Polynom sowie seine Einbettung in L/K angegeben. Dabei ist L/K die von $f(x)$ erzeugte Erweiterung.

$VPTeilkörper(f(x))$

    erzeuge $L = K(\alpha)$ für eine Nullstelle α von $f(x)$

    $f_1(x), \ldots, f_{\ell+1}(x) := VPFaktoren(f(x))$

    für $1 \leq j \leq \ell + 1$

        setze $d_j :=$ absoluter Koeffizient von $f_j(x)$

    initialisiere $\mathcal{T} := \emptyset$

    für $1 \leq i \leq \ell$

        berechne das Minimalpolynom $m_i(x) \in K[x]$ von $d_1 \cdot \ldots \cdot d_i$ in L/K

        füge $[\, m_i(x),\, d_1 \cdot \ldots \cdot d_i \,]$ zu $\mathcal{T}$ hinzu

    gib $\mathcal{T}$ zurück

Bemerkungen zum Algorithmus:

Die Berechnung des Minimalpolynoms eines Elementes in einer Erweiterung p-adischer Körper ist im Computer-Algebra-System MAGMA [5] implementiert.

Die Elemente $d_1 \cdot \ldots \cdot d_i$ entsprechen den β_i in Satz 4.17 und sind nach Konstruktion Primelemente von L_i für $1 \leq i \leq \ell$. Daher sind die Polynome $m_i(x)$ Eisensteinpolynome über K.

Algorithmus 4.5 (Teilkörperturm zum Verzweigungspolygon)

Input:
Ein Eisensteinpolynom $f(x) \in K[x]$.

Kapitel 4. Newton-Polygone

Output:
Die von $f(x)$ erzeugte Erweiterung L/K als Körperturm $L \supset L_1 \supset \ldots \supset L_\ell \supset K$. Die Zwischenkörper L_i sind die Teilkörper zu $\mathcal{V}_{f(x)}$ (vgl. Satz 4.17).

VPTeilkörperturm$(f(x))$

    erzeuge $L = K(\alpha)$ für den Koeffizientenkörper K und eine Nullstelle α von $f(x)$

    $f_1(x), \ldots, f_{i+1}(x) := VPFaktoren(f(x))$

    falls i gleich 0 ist

        gib L zurück

    setze $h(x) := f_1(x) \cdot \ldots \cdot f_i(x) \in L[x]$ und $d :=$ absoluter Koeffizient von $h(x)$

    berechne das Minimalpolynom $m(x)$ von d über K

    erzeuge $L_i := K(\alpha)$ für eine Nullstelle α von $m(x)$

    interpretiere $h(x)$ als Polynom über L_i

    gib *VPTeilkörperturm*$(h(x))$ **zurück**

Bemerkungen zum Algorithmus:

Entscheidend für die Rekursion ist der letzte Schritt, in dem das Polynom $h(x) \in L[x]$ über L_i interpretiert wird. Dass $h(x)$ tatsächlich in $L_i[x]$ liegt, folgt aus der Block-Teilkörper-Korrespondenz. Denn es gilt $h(x) = \prod_{\alpha_j \in \Delta_i}(x - \alpha_j) \in \overline{L}[x]$ und L_i ist genau der Fixkörper des Block-Stabilisators G_{Δ_i} (vgl. Satz 4.17).

VPTeilkörperturm wird genau ℓ mal rekursiv aufgerufen. Dabei wird der Körperturm von unten nach oben konstruiert. Im ersten Durchlauf wird von *VPFaktoren* die komplette Faktorisierung $f(x) = f_1(x) \cdot \ldots \cdot f_{\ell+1}(x) \in L[x]$ von $f(x)$ zu $\mathcal{V}_{f(x)}$ berechnet. Danach enthält $f(x)$ mit jedem neuen Durchlauf einen Faktor weniger, das Verzweigungspolygon verliert also jeweils ein Segment. Zu Beginn des j-ten rekursiven Aufrufes ist der Körperturm $L \supset L_{\ell-j+1} \supset L_{\ell-j+2} \supset \ldots \supset L_\ell \supset K$ konstruiert. Im ℓ-ten Durchlauf besteht $\mathcal{V}_{f(x)}$ nur noch aus einem Segment, *VPFaktoren* berechnet nur einen Faktor und die Rekursion bricht ab.

Kapitel 5

Zerfällungskörper

In diesem Kapitel werden die Zerfällungskörper von Eisensteinpolynomen untersucht. Dabei nutzen wir die im vorherigen Abschnitt entwickelte Theorie der Verzweigungspolygone. Die Steigungen der einzelnen Segmente liefern uns Informationen zur Verzweigung des Zerfällungskörpers und die assoziierten Polynome liefern Informationen zu dessen Trägheit.

Besteht das Verzweigungspolygon nur aus einem Segment, dann reichen diese Informationen aus, um den Zerfällungskörper komplett theoretisch zu beschreiben (Abschnitt 5.1). Bei mehreren Segmenten kann man anhand des Polygons einen wichtigen Teilkörper des Zerfällungskörpers angeben (Abschnitt 5.2). Darüber hinaus ist etwas Rechenaufwand nötig (Abschnitt 5.3).

5.1 Ein Segment im Verzweigungspolygon

Sei K ein p-adischer Körper und $f(x) \in \mathcal{O}_K[x]$ ein Eisensteinpolynom vom Grad n, bei dem $\mathcal{V}_{f(x)}$ aus genau einem Segment besteht. Aus Lemma 4.10 folgt, dass entweder $p \nmid n$ oder $n = p^m$ für ein $m \in \mathbb{N}$ gelten muss. Bei einem gemischten Grad $e_0 p^m$ gibt es immer den „Knick" bei $p^m - 1$ (vgl. Abbildung 4.1). Der zahme Fall $p \nmid n$ wurde schon in Kapitel 3 behandelt, daher untersuchen wir in diesem Abschnitt Polynome vom Grad $n = p^m$.

Der nächste Satz beschreibt zunächst etwas allgemeiner den Zerfällungskörper von Polynomen mit einsegmentigem Newton-Polygon, die einige Zusatzbedingungen erfüllen. Er soll danach auf das Verzweigungspolynom von $f(x)$ angewandt werden.

Satz 5.1

Sei $g(x) \in \mathcal{O}_K[x]$ nicht notwendig irreduzibel mit einsegmentigem Newton-Polygon der Steigung $-h/e \neq 0$ mit $\mathrm{ggT}(h,e) = 1 = ae+bh$ für $a,b \in \mathbb{Z}$ und $p \nmid e$. Weiter sei das assoziierte Polynom $A(y) \in \underline{K}[y]$ quadratfrei und f der Grad des Zerfällungskörpers von $A(\underline{\gamma} x^e) \in \underline{K}(\underline{\gamma})[x]$ über $\underline{K}$ für eine Nullstelle $\underline{\gamma}$ von $A(y)$. Dann ist

$$U\left(\sqrt[e]{-(\varepsilon^b)\pi}\right)$$

der Zerfällungskörper von $g(x)$, wobei U/K die unverzweigte Erweiterung vom Grad f und $\varepsilon \in \mathcal{O}_U^\times$ beliebig mit $A(-\underline{\varepsilon}) = 0$ ist.

Beweis: Sei α eine Nullstelle von $g(x)$, so dass $\gamma = \alpha^e/\pi^h$ ist (vgl. Lemma 4.3 b)), und sei $L = K(\alpha)$. Wir nutzen den Zusammenhang

$$A(\underline{\gamma} x^e) = \left(\frac{g(\alpha x)}{\pi^{nh/e}} \mod \pi_L \mathcal{O}_L[x]\right) \in \underline{L}[x] \tag{5.1}$$

aus Lemma 4.3 a), der genauso in jeder Erweiterung von L gilt. Der Zerfällungskörper von $g(x)$ über K ist gleich dem Zerfällungskörper von $g(\alpha x)/\pi^{nh/e}$ über L. Wir bestimmen letzteren und setzen dafür $N := UL$. Nach Voraussetzung an U zerfällt das Polynom $A(\underline{\gamma} x^e)$ über $\underline{N}$ in Linearfaktoren. Wenn wir mit $\underline{\gamma} = \delta_1, \ldots, \delta_{n/e}$ die Nullstellen von $A(y)$ in $\underline{N}$ bezeichnen, gilt

$$A(\underline{\gamma} x^e) = \prod_{i=1}^{n/e}(\underline{\gamma} x^e - \delta_i) \in \underline{N}[x]. \tag{5.2}$$

Weil $A(y)$ als quadratfrei vorausgesetzt war, und weil die einzelnen Polynome $\underline{\gamma} x^e - \delta_i$ wegen $p \nmid e$ ebenfalls quadratfrei sind, besteht unsere Faktorisierung von $A(\underline{\gamma} x^e)$ über $\underline{N}$ somit aus paarweise verschiedenen Linearfaktoren. Mit Hensel's Lemma (Lemma 2.5) und (5.1) können wir jetzt folgern, dass auch $g(\alpha x)/\pi^{nh/e}$ über N in Linearfaktoren zerfällt. Der Körper N ist minimal mit dieser Eigenschaft, weil U/K minimal ist, so dass $A(\underline{\gamma} x^e) \in \underline{U}[x]$ zerfällt.

Wir müssen nun die Erweiterung $N = U(\alpha)$ weiter untersuchen und zeigen, dass sie von der behaupteten Form ist. Hensel's Lemma liefert uns wegen Gleichung (5.2) auch eine Zerlegung

$$\frac{g(\alpha x)}{\pi^{nh/e}} = \prod_{i=1}^{n/e} \tilde{g}_i(x) \in N[x]$$

mit $\underline{\tilde{g}_i}(x) = \underline{\gamma} x^e - \delta_i \in \underline{N}[x]$. Durch Resubstituieren und Multiplizieren mit $\pi^{nh/e}$ erhalten wir daraus die Faktorisierung

$$g(x) = \prod_{i=1}^{n/e} \pi^h \tilde{g}_i(x/\alpha) =: \prod_{i=1}^{n/e} g_i(x) \in U[x],$$

wobei $g_i(x) \equiv x^e + \varepsilon_i \pi^h \mod (\pi^{h+1})$ für ein $\varepsilon_i \in \mathcal{O}_K{}^\times$ mit $\underline{\varepsilon_i} = -\delta_i$ ist. Jeder Faktor $g_i(x)$ ist irreduzibel, weil sein Newton-Polygon ein Segment mit Steigung $-h/e$ ist, also keine (inneren) Punkte durchläuft (siehe Satz 2.17). Damit ist die Erweiterung N/U total zahm verzweigt vom Grad e. Sie wird von jedem der Polynome $g_i(x)$ erzeugt. Aus Lemma 3.3 folgt schließlich, dass das Polynom $x^e + (\varepsilon_1\pi^h)^b \pi^{ae} = x^e + \varepsilon_1^b \pi \in U[x]$ für ganze Zahlen a, b mit $ae + bh = 1$ die gleiche Erweiterung erzeugt wie $g_1(x)$. □

Für den Beweis des folgenden Satzes zum Zerfällungskörper eines (wilden) Eisensteinpolynoms mit einsegmentigem Verzweigungspolygon brauchen wir das

Lemma 5.2
Sei u eine p-Potenz und $F(x) = \sum_{i=0}^r a_i x^{p^i} \in \mathbb{F}_u[x]$ ein additives Polynom (vgl. z.B. [7], Kapitel 5, Abschnitt 2). Weiter sei $e \in \mathbb{N}$ ein Teiler von $u - 1$ und von $p^i - 1$ für alle i mit $a_i \neq 0$. Das Polynom $G(x) = \sum_{i=0}^r a_i x^{(p^i-1)/e}$ habe die Nullstelle 1. Dann zerfällt $F(x)$ genau dann in Linearfaktoren über $\mathbb{F}_u$, wenn $G(x)$ in Linearfaktoren über $\mathbb{F}_u$ zerfällt.

Beweis: – Der Beweis stammt von Prof. Peter Müller. – Die eine Richtung der Äquivalenz ist klar. Wenn $F(x)$ zerfällt, dann zerfällt auch $G(x)$, weil die Nullstellen von $G(x)$ e-te Potenzen der Nullstellen von $F(x)$ sind.

Für die andere Richtung sei E der Zerfällungskörper von $x^e - 1$ über $\mathbb{F}_p$ und $\mathcal{M}$ die Menge der Nullstellen von $F(x)$ im algebraischen Abschluss von $\mathbb{F}_p$. Wegen der Additivität von $F(x)$ ist $\mathcal{M}$ additiv abgeschlossen. Außerdem liegt λv für $\lambda \in E, v \in \mathcal{M}$ wieder in $\mathcal{M}$, weil nach Voraussetzung an e der Körper E Teilkörper von $\mathbb{F}_{p^i}$ für alle i mit $a_i \neq 0$ ist, also $\lambda^{p^i} = \lambda$ für die entsprechenden i und alle $\lambda \in E$ gilt. Folglich ist $\mathcal{M}$ ein E-Vektorraum. Für $0 \neq v \in \mathcal{M}$ ist v^e eine Nullstelle von $G(x)$, es ist also $v^e \in \mathbb{F}_u$. Daraus folgt $v^{e(u-1)} = 1$ und damit $v^{u-1} \in E^\times$, weil E alle e-ten Einheitswurzeln enthält. Für alle $0 \neq v \in \mathcal{M}$ gibt es demnach ein $\lambda_v \in E^\times$ mit $v^u = v\lambda_v$. Wegen $e \mid u-1$ gilt $E \subseteq \mathbb{F}_u$. Darum sei nun $v \in \mathcal{M}$ aber $v \notin E$. Wegen $G(1) = 0$ gilt auch $1 \in \mathcal{M}$. Aus

$$(v+1)\lambda_{v+1} = (v+1)^u = v^u + 1^u = v\lambda_v + 1$$

und der linearen Unabhängigkeit von 1 und v über E folgt $1 = \lambda_{v+1} = \lambda_v$, also $v^u = v$ und damit $v \in \mathbb{F}_u$. Daher gilt $\mathcal{M} \subseteq \mathbb{F}_u$ und $F(x)$ zerfällt in Linearfaktoren über $\mathbb{F}_u$. □

Satz 5.3
Sei $f(x) \in \mathcal{O}_K[x]$ eisenstein vom Grad p^m mit einsegmentigem Verzweigungspolygon $\mathcal{V}_{f(x)}$ der Steigung $-h/e$ mit $\mathrm{ggT}(h,e) = 1 = ae + bh$ für $a, b \in \mathbb{Z}$. Weiter sei α eine Nullstelle von $f(x)$, $L = K(\alpha)$ und $A(y) \in \underline{L}[x]$ das assoziierte Polynom von $\mathcal{V}_{f(x)}$ mit assoziierter Trägheit f_1.

Dann ist

$$N = U\left(\sqrt[e]{-(\varepsilon^b)\alpha}\right)$$

der Zerfällungskörper von $f(x)$, wobei U/L die unverzweigte Erweiterung vom Grad $f = \text{kgV}(f_1, [L(\zeta_e) : L])$ und $\varepsilon \in \mathcal{O}_U^\times$ beliebig mit $A(-\underline{\varepsilon}) = 0$ ist.

Beweis: Nach Konstruktion des Verzweigungspolynoms $g(x)$ ist der Zerfällungskörper von $g(x)$ über $L = K(\alpha)$ der Zerfällungskörper von $f(x)$ über K. Wir wollen Satz 5.1 auf $g(x) \in L[x]$ anwenden. Der Nenner e der Steigung von $\mathcal{V}_{f(x)}$ ist ein Teiler von $\text{Grad}(g(x)) = p^m - 1$ und somit teilerfremd zu p. Als letzte Voraussetzungen für Satz 5.1 brauchen wir die Quadratfreiheit des assoziierten Polynoms $A(y) \in \underline{L}[y] \cong \mathbb{F}_q[y]$.

Sei $n = p^m$, $g(x) = \sum_{i=0}^{n-1} b_i x^i$ und

$$A(y) = \sum_{j=0}^{(n-1)/e} A_j y^j = \sum_{j=0}^{(n-1)/e} (\underline{b_{je} \alpha^{-(n-1)h/e+jh}}) y^j$$

(siehe Definition 4.1). Wir betrachten das Polynom $B(x) = \sum_{i=0}^n B_i x^i := x A(\underline{\gamma} x^e) \in \mathbb{F}_q(\underline{\gamma})[x]$ für eine Nullstelle $\underline{\gamma}$ von $A(y)$. Nach Konstruktion von $A(y)$ gilt $A_j \neq 0$ nur dann, wenn der entsprechende Koeffizient b_{je} von $g(x)$ zu einem Punkt auf dem Polygon führt (vgl. Abschnitt 4.2). Daraus folgt mit Lemma 4.10, dass $B_i \neq 0$ nur für $i = p^s$ mit $s \in \{0, \ldots, m\}$ gilt, $B(x)$ ist also ein additives Polynom. Es gilt $B'(x) = B_1 = A_0$ und $\text{ggT}(B(x), B'(x)) = 1$, denn es ist $A_0 \neq 0$ nach Definition 4.1. Folglich ist $B(x)$ und damit auch $A(y)$ quadratfrei.

Es bleibt zu zeigen, dass $f = \text{kgV}(f_1, [L(\zeta_e) : L])$ gleich dem Grad des Zerfällungskörpers von $A(\underline{\gamma} x^e) \in \mathbb{F}_q(\underline{\gamma})[x]$ über $\mathbb{F}_q$ ist (vgl. Satz 5.1). Weil die assoziierte Trägheit f_1 gerade der Grad des Zerfällungskörpers von $A(y)$ über $\mathbb{F}_q$ ist (Definition 4.5) und wegen $e \mid q^f - 1$, folgt diese Aussage aus Lemma 5.2 für $u := q^f$, $F(x) := B(x)$ und $G(x) := A(\underline{\gamma} x)$. □

Korollar 5.4
Für den Zerfällungskörper N eines Eisensteinpolynoms $f(x) \in \mathcal{O}_K[x]$ vom Grad p^m mit einsegmentigem Verzweigungspolygon der Steigung $-h/e$ gilt

$$[N : K] \leq p^m (p^m - 1) e \leq p^m (p^m - 1)^2.$$

Beweis: Sei $L = K(\alpha)$ für eine Nullstelle α von $f(x)$. Wir zeigen $f \leq p^m - 1$, wobei $f = [U : L]$ für den Körper U aus Satz 5.3 ist. Daraus folgt die erste Ungleichung. Die zweite ist klar wegen $e \mid p^m - 1$.

Wie im Beweis von Satz 5.3 sei $\underline{\gamma}$ eine Nullstelle des assoziierten Polynoms $A(y) \in \mathbb{F}_q[y]$ und $B(x) = x A(\underline{\gamma} x^e) \in \mathbb{F}_q(\underline{\gamma})[x]$. Der Körper $\mathbb{F}_{q^f}$ ist der Zerfällungskörper des additiven Polynoms

$B(x)$. Für die Abschätzung von f betrachten wir ein weiteres additives Polynom $D(x) := xA(x^e) \in \mathbb{F}_q[x]$ und bezeichnen die Nullstellen von $A(y)$ im algebraischen Abschluss von $\mathbb{F}_q$ mit $\underline{\gamma} = \delta_1, \ldots, \delta_d$ für $d = (p^m-1)/e$ (vgl. Beweis von Satz 5.1). Dann sind $B(x)$ und $D(x)$ über dem Zerfällungskörper von $A(y)$ von der Form

$$B(x) = x \prod_{i=1}^{d}(\delta_1 x^e - \delta_i) \text{ und } D(x) = x \prod_{i=1}^{d}(x^e - \delta_i).$$

Es folgt, dass der Zerfällungskörper von $B(x)$ ein Teilkörper des Zerfällungskörpers von $D(x)$ ist, wir also dessen Grad über $\mathbb{F}_q$ abschätzen können. Weil $D(x)$ additiv ist (die Begründung funktioniert wie bei $B(x)$), bilden die Nullstellen einen $\mathbb{F}_p$-Vektorraum der Dimension m und man erhält über die Operation der Galoisgruppe auf den Nullstellen eine Einbettung von $G = \text{Gal}(\mathbb{F}_{q^f}/\mathbb{F}_q)$ in die Gruppe $\text{GL}(m,p)$. Die Gruppe G muss als Galoisgruppe endlicher Körper zyklisch sein und die maximale Ordnung eines Elementes in $\text{GL}(m,p)$ ist $p^m - 1$ (siehe z.B. [26], Proposition 2.8.9). Folglich gilt $f = [\mathbb{F}_{q^f} : \mathbb{F}_q] \leq p^m - 1$ wie behauptet. □

Beispiel 5.1

Wir wollen Satz 5.3 auf ein starkes Eisensteinpolynom $f(x) \in \mathcal{O}_K[x]$ vom Grad p^m anwenden. Wir benutzen die Bezeichnungen des Satzes. Nach Beispiel 4.1 besteht $\mathcal{V}_{f(x)}$ aus genau einem Segment der Steigung $-\frac{1}{p^m-1}$. Außer den beiden Endpunkten liegen keine ganzzahligen Punkte auf dem Segment, daher ist das assoziierte Polynom von der Form $A(y) = y + d \in \underline{L}[y]$ (Definition 4.1) und die assoziierte Trägheit ist 1. Nach Satz 5.3 ist der Zerfällungskörper N gleich $U(\sqrt[p^m]{-\varepsilon\alpha})$, wobei U/L die unverzweigte Erweiterung vom Grad $[L(\zeta_{p^m-1}):L]$ und $\varepsilon \in \mathcal{O}_U^\times$ mit $\underline{\varepsilon} = d$ ist. In diesem Fall kann man zumindest die Struktur des Körpers N auch leichter erkennen. Weil keine (inneren) Punkte auf $\mathcal{V}_{f(x)}$ liegen, ist das Verzweigungspolynom $g(x) \in L[x]$ irreduzibel (Satz 2.17) und erzeugt eine total zahm verzweigte Erweiterung vom Grad $p^m - 1$. Den Zerfällungskörper von $g(x)$ über L und damit den Zerfällungskörper von $f(x)$ über K erhält man jetzt durch Hinzufügen der (p^m-1)-ten Einheitswurzeln (vgl. Abschnitt 3.2). •

In der Regel baut man Erweiterungen lokaler Körper genau andersherum auf. Man möchte den Standard-Körperturm kennen, der aus einer total wild verzweigten Erweiterung über der maximalen zahm verzweigten Teilerweiterung besteht (vgl. Abbildung 2.1). Dieser Körperturm wird im nächsten Korollar bestimmt und ist in Abbildung 5.1 schematisch dargestellt.

Korollar 5.5

Das Eisensteinpolynom $f(x) = \sum_{i=0}^{p^m} a_i x^i \in \mathcal{O}_K[x]$ erfülle die Voraussetzungen von Satz 5.3. Das Polynom $A(y)$ und die Zahlen b und f seien ebenfalls wie in Satz 5.3 definiert. Dann ist

$$T = V(\sqrt[e]{(-1)^{p-1}\varepsilon^b a_0})$$

der maximale zahm verzweigte Teilkörper des Zerfällungskörpers N, wobei V/K die unverzweigte Erweiterung von Grad f und $\varepsilon \in \mathcal{O}_V^\times$ beliebig mit $A(-\underline{\varepsilon}) = 0$ ist. Außerdem gilt

$$N = T(\alpha)$$

für eine Nullstelle α von $f(x)$.

Beweis: Wir haben aus Satz 5.3 die Darstellung $N = U(\sqrt[e]{-(\varepsilon^b)\alpha})$ für ein $\varepsilon \in \mathcal{O}_U^\times$. Für $L = K(\alpha)$ gilt $U = LV$. Weil U/V total verzweigt ist, können wir sogar ein $\varepsilon \in \mathcal{O}_V^\times$ benutzen, welches die Bedingung $A(-\underline{\varepsilon}) = 0$ erfüllt. Das Minimalpolynom von $\sqrt[e]{-\varepsilon^b \alpha}$ über V ist dann gleich $h(x) = \mathcal{N}_{U/V}(x^e + \varepsilon^b \alpha) = \ldots + \varepsilon^{bp^m}(-1)^{p^m} a_0$. (Im Allgemeinen ist $h(x)$ nur das charakteristische Polynom. Hier ist allerdings $\sqrt[e]{-\varepsilon^b \alpha}$ aus Verzweigungsgründen ein primitives Element für N/V.) Es hat Grad ep^m und ist als Minimalpolynom eines Primelementes einer total verzweigten Erweiterung eisenstein. Nach Lemma 3.3 wird daher die zahme Teilerweiterung T/V von N/V von $x^e + (-1)^{p^m} \varepsilon^{bp^m} a_0$ erzeugt. Wegen $p^m \equiv 1 \mod e = \gcd(e, q^f - 1)$ gilt schließlich $T = V(\sqrt[e]{(-1)^{p^m+1} \varepsilon^b a_0})$ (siehe Satz 3.2 b)) und damit die erste Behauptung.

$N = T(\alpha)$ ist klar, da $f(x)$ über T ein einsegmentiges Newton-Polygon der Steigung $-e/p^m$ mit $e \nmid p$ hat, also nach Satz 2.17 irreduzibel über T ist. □

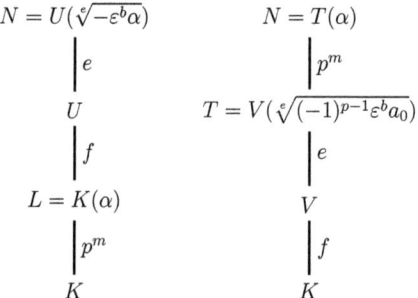

Abbildung 5.1: Zwei Körpertürme für den Zerfällungskörper N.

Die konkrete Berechnung der beschriebenen Zerfällungskörper auf einem Computer ist anhand von Satz 5.3 bzw. Korollar 5.5 mit wenig Rechenaufwand möglich. Es muss lediglich das Polynom $A(y)$ über einem endlichen Körper faktorisiert werden (vgl. Abschnitt 2.5). Danach kann man den Zerfällungskörper mit Hilfe der Informationen aus dem Polygon direkt konstruieren. Insbesondere sind keine Faktorisierungen über einem p-adischen Körper nötig!

Wichtig für die folgenden Abschnitte ist noch, dass die Erweiterung N/T aus Korollar 5.5 elementar-abelsch ist.

Lemma 5.6

Sei $f(x) \in \mathcal{O}_K[x]$ eisenstein vom Grad p^m mit einsegmentigem Verzweigungspolygon der Steigung $-h/e$. Seien N der Zerfällungskörper von $f(x)$ und T sein maximal zahm verzweigter Teilkörper wie in Korollar 5.5. Dann hat die Reihe der Verzweigungsgruppen (vgl. Definition 2.11) von $G = \mathrm{Gal}(f(x))$ die Form

$$G \geq G_0 \geq G_1 = G_2 = \ldots = G_h > G_{h+1} = \{\mathrm{id}\}$$

und $G_1 = \mathrm{Gal}(N/T)$ ist elementar-abelsch.

Beweis: Sei π_N ein Primelement von N. Wenn wir $\nu_N(\pi_N^g - \pi_N) = h + 1$ für alle $g \in G_1$ zeigen können, folgt $G_1 = G_2 = \ldots = G_h > G_{h+1} = \{\mathrm{id}\}$. Dafür sei α Nullstelle von $f(x)$ und $L = K(\alpha)$. Nach Satz 5.3 und Korollar 5.5 ist klar, dass $N = LT$ gilt. Darum besteht das Polygon $\nu_{N/T}$ nach Lemma 4.9 aus einem Segment der Steigung $-e \cdot \frac{h}{e} = -h$, wir haben also $\nu_N(\frac{\pi_N^g - \pi_N}{\pi_N}) = h$ für alle $g \in G_1$. Daraus folgt direkt

$$\nu_N(\pi_N^g - \pi_N) = \nu_N\left(\frac{\pi_N^g - \pi_N}{\pi_N}\right) + \nu_N(\pi_N) = h + 1$$

für alle $g \in G_1$. Die Gruppe G_1 ist elementar-abelsch, weil $G_1 = G_h = G_h/G_{h+1}$ ist und weil die Quotienten G_i/G_{i+1} für $i \geq 1$ in die additive Gruppe des Restklassenkörpers von N einbetten (vgl. Satz 2.12 c)). □

Das Verzweigungspolygon $\mathcal{V}_{L/K}$ liefert uns also im einsegmentigen Fall eine genaue Beschreibung der Reihe der Verzweigungsgruppen, auch wenn die Erweiterung L/K nicht galoissch ist. Das werden wir in Kapitel 6 bei der Galoisgruppenberechnung ausnutzen.

5.2 Reduktion zur p-Erweiterung

Nun wollen wir die Ergebnisse für ein Segment auch im allgemeinen Fall einer total verzweigten Erweiterung L/K mit mehrsegmentigem Verzweigungspolygon nutzen. Nach Abschnitt 4.4 kennen wir einen Körperturm $L = L_0 \supset L_1 \supset \ldots \supset L_\ell \supset L_{\ell+1} = K$, der eng mit dem Verzweigungspolygon verbunden ist.

Es stellt sich heraus, dass die einzelnen Relativerweiterungen L_{i-1}/L_i jeweils einsegmentige Verzweigungspolygone haben, die zu den entsprechenden Segmenten von $\mathcal{V}_{L/K}$ korrespondieren. Im Fall einer galoisschen Erweiterung folgt dies aus der Hilbertschen Verzweigungstheorie. Der folgende Satz beschreibt den Zusammenhang für eine allgemeine rein verzweigte Erweiterung und bezieht auch die assoziierten Polynome mit ein.

Satz 5.7

Für $1 \leq i \leq \ell+1$ besteht $\mathcal{V}_{L_{i-1}/L_i}$ aus genau einem Segment, das im folgenden Sinne zum i-ten Segment S_i von $\mathcal{V}_{L/K}$ korrespondiert:

1) Die Steigungen von $\mathcal{V}_{L_{i-1}/L_i}$ und S_i sind gleich.

2) Die assoziierte Trägheit von $\mathcal{V}_{L_{i-1}/L_i}$ und S_i ist gleich. Für jede Nullstelle δ von $A_{S_i}(y)$ im algebraischen Abschluss von $\underline{K}$ ist $\delta^{p^{s_i-1}}$ eine Nullstelle von $A_{\mathcal{V}_{L_{i-1}/L_i}}(y)$.

Beweis: Wir benutzen in diesem Beweis für zwei Einseinheiten η, η' die Notation $\eta \approx \eta'$, wenn $(\eta - 1) \sim (\eta' - 1)$ gilt, d.h. wenn die ersten beiden Summanden der p-adischen Normalreihen übereinstimmen (vgl. Definition 2.13). Das Eisensteinpolynom $f(x)$ vom Grad n erzeuge L/K.

Die Nullstellen $\alpha_1, \ldots, \alpha_n$ von $f(x)$ seien wie in Lemma 4.16 geordnet. $\Delta_1 = \Delta_1^{(1)}, \ldots, \Delta_1^{(k)}$ für $k = n/p^{s_1}$ ist das Blocksystem zum kleinsten Block. Das Minimalpolynom von α_1 über L_1 ist gleich $\prod_{i=1}^{p^{s_1}}(x - \alpha_i)$, weil es invariant unter G_{Δ_1} und ein Teiler von $f(x)$ ist und den richtigen Grad p^{s_1} hat. Damit ist Behauptung 1) für das erste Segment und $\mathcal{V}_{L/L_1}$ klar. Behauptung 2) gilt ebenfalls für $i = 1$, denn es ist $A_{S_1}(y) = A_{\mathcal{V}_{L/L_1}}(y)$ nach Satz 4.2. Wir zeigen nun, dass $\mathcal{V}_{L_1/K}$ genau ℓ Segmente mit den Steigungen $-m_2, \ldots, -m_\ell, -m_{\ell+1} = 0$ hat, dass die assoziierte Trägheit dieser Segmente der von $S_2, \ldots, S_{\ell+1}$ entspricht, und dass die Nullstellen des assoziierten Polynoms zum $(i-1)$-ten Segment von $\mathcal{V}_{L_1/K}$ gerade p^{s_1}-te Potenzen der Nullstellen von $A_{S_i}(y)$ sind für $2 \leq i \leq \ell + 1$. Induktiv folgt daraus die Behauptung.

Es gilt $\nu_L(\alpha - \alpha_1) = m_\lambda + 1 < m_1 + 1$ für $\alpha \in \Delta_1^{(r)}, r > 1$ und ein $\lambda \in \{2, \ldots, \ell+1\}$. Damit haben wir für $\alpha \in \Delta_1^{(r)}, r > 1$ in $\overline{K}$ die allgemeine Darstellung

$$\alpha = \alpha_1 + \varepsilon \alpha_1^{m_\lambda + 1} \tag{5.3}$$

für ein $\varepsilon \in \mathcal{O}_{\overline{K}}^\times$. Aus Symmetriegründen gilt für zwei Nullstellen α, α' aus dem selben Block $\Delta_1^{(r)}$, dass $\nu_L(\alpha - \alpha') = m_1 + 1$ ist. Darum ist der erste Summand der p-adischen Reihe von ε aus (5.3) für alle α eines Blockes gleich. Analog gilt für α aus Δ_1 die Darstellung $\alpha = \alpha_1 + \delta \alpha_1^{m_1+1}$ für ein $\delta \in \mathcal{O}_{\overline{K}}^\times$. Durch Bildung des Quotienten dieser beiden Ausdrücke erhalten wir (in der Nummerierung der α_i nach Lemma 4.16), dass zu $r \in \{2, \ldots, k\}$ ein $\varepsilon \in \mathcal{O}_{\overline{K}}^\times$ existiert mit

$$\frac{\alpha_{(r-1)p^{s_1}+i}}{\alpha_i} \approx 1 + \varepsilon \alpha_1^{m_\lambda} \tag{5.4}$$

für alle $1 \leq i \leq p^{s_1}$ und ein $\lambda \in \{2, \ldots, \ell+1\}$.

Für $1 \leq r \leq k$ sei $\beta_r = \prod_{\alpha \in \Delta_1^{(r)}} \alpha$. Damit gilt $L_1 = K(\beta_1)$ und das Eisensteinpolynom $g(x) = \prod_{r=1}^{k}(x - \beta_r)$ ist das Minimalpolynom von β_1 über K. Das Verzweigungspolynom von $g(x)$ ist

$$\frac{g(\beta_1 x + \beta_1)}{\beta_1^k x} = \prod_{r=2}^{k}\left(x - \left(-1 + \frac{\beta_r}{\beta_1}\right)\right) = \prod_{r=2}^{k}\left(x - \left(-1 + \frac{\alpha_{(r-1)p^{s_1}+1} \cdot \ldots \cdot \alpha_{rp^{s_1}}}{\alpha_1 \cdot \ldots \cdot \alpha_{p^{s_1}}}\right)\right).$$

Kapitel 5. Zerfällungskörper

Nach (5.4) gibt es ein $\varepsilon \in \mathcal{O}_K^\times$ und ein $\lambda \in \{2,\ldots,\ell+1\}$, so dass

$$\frac{\beta_r}{\beta_1} = \frac{\alpha_{(r-1)p^{s_1}+1}\cdot\ldots\cdot\alpha_{rp^{s_1}}}{\alpha_1\cdot\ldots\cdot\alpha_{p^{s_1}}} \approx (1+\varepsilon\alpha_1^{m_\lambda})^{p^{s_1}} = 1+\varepsilon^{p^{s_1}}\alpha_1^{m_\lambda p^{s_1}} + \sum_{i=1}^{p^{s_1}-1}\binom{p^{s_1}}{i}\varepsilon^i\alpha_1^{m_\lambda i}$$

gilt. Wenn wir nun

$$\frac{\beta_r}{\beta_1} \approx 1+\varepsilon^{p^{s_1}}\alpha_1^{m_\lambda p^{s_1}} \tag{5.5}$$

zeigen können, dann ist $-1+\frac{\beta_r}{\beta_1} \sim \varepsilon^{p^{s_1}}\alpha_1^{m_\lambda p^{s_1}}$. Damit hätte das Verzweigungspolynom von $g(x)$ genau $(p^{s_\lambda}-p^{s_{\lambda-1}})/p^{s_1}$ Nullstellen mit L_1-Bewertung m_λ für alle $\lambda \in \{2,\ldots,\ell+1\}$, das Polygon $\mathcal{V}_{L_1/K}$ demnach Segmente mit den Steigungen $-m_2,\ldots,-m_{\ell+1}$. Außerdem wären dann die Behauptungen zu den Nullstellen der assoziierten Polynome und zur assoziierten Trägheit korrekt. Um das einzusehen, untersuchen wir die Situation für das zweite Segment S_2 und das erste Segment T_1 von $\mathcal{V}_{L_1/K}$ genauer. Für die anderen Segmente funktioniert alles analog.

Die Nullstellen des Verzweigungspolynoms von $f(x)$ zum Segment S_2 sind von der Form

$$-1+\alpha_i/\alpha_1 \sim \varepsilon_i\alpha_1^{m_2} \quad \text{für } p^{s_1}+1 \leq i \leq p^{s_2}.$$

Damit haben wir Elemente $\varepsilon_i \in \mathcal{O}_K^\times$ festgelegt, mit denen wir nach (5.5) auch die Nullstellen des Verzweigungspolynoms von $g(x)$ zu T_1 beschreiben können:

$$-1+\frac{\beta_r}{\beta_1} \sim \varepsilon_{rp^{s_1}}^{p^{s_1}}\alpha_1^{m_2 p^{s_1}} \quad \text{für } 2 \leq r \leq p^{s_2-s_1}.$$

Es sei $m_2 = h_2/e_2$. Nach Korollar 4.4 führt die Nullstelle $-1+\alpha_i/\alpha_1$ zur Nullstelle

$$\left(\frac{(\varepsilon_i\alpha_1^{m_2})^{e_2}}{\alpha_1^{h_2}}\right) = \overline{\varepsilon_i}^{e_2}$$

von $A_{S_2}(y) \in \mathbb{F}_q[y]$. Sei eine dieser Nullstellen $\overline{\varepsilon_i}^{e_2}$ vorgegeben. Dann gibt es eine Nullstelle des Verzweigungspolynoms von $g(x)$ mit $-1+\frac{\beta_r}{\beta_1} \sim \varepsilon_i^{p^{s_1}}\alpha_1^{m_2 p^{s_1}}$. Daraus berechnen wir die entsprechende Nullstelle von $A_{T_1}(y) \in \mathbb{F}_q[y]$:

$$\left(\frac{(\varepsilon_i^{p^{s_1}}\alpha_1^{m_2 p^{s_1}})^{e_2}}{\beta_1^{h_2}}\right) = \left(\frac{\varepsilon_i^{e_2 p^{s_1}}\alpha_1^{h_2 p^{s_1}}}{\beta_1^{h_2}}\right) = (\overline{\varepsilon_i}^{e_2})^{p^{s_1}}.$$

Die letzte Gleichheit gilt, da $\frac{\alpha_1^{h_2 p^{s_1}}}{\beta_1^{h_2}} = \frac{(\alpha_1^{p^{s_1}})^{h_2}}{(\alpha_1\cdot\ldots\cdot\alpha_{p^{s_1}})^{h_2}} \sim 1$ ist, wegen $\alpha_1/\alpha_k = \alpha_1/(\alpha_1+\delta_k\alpha_1^{m_1+1}) \sim 1$ für $k \in \{1,\ldots,p^{s_1}\}$ und $\delta_k \in \mathcal{O}_K^\times$ (siehe oben). Somit sind die Nullstellen von $A_{T_1}(y)$ p^{s_1}-te Potenzen der Nullstellen von $A_{S_2}(y)$ wie behauptet. Weil die Abbildung $\varphi: a \mapsto a^p$ Automorphismus eines jeden endlichen Körpers über $\mathbb{F}_p$ ist, folgt daraus, dass die Zerfällungskörper von $A_{S_2}(y)$ und $A_{T_1}(y)$ über $\mathbb{F}_q$ übereinstimmen. Damit stimmt auch die assoziierte Trägheit überein.

Kapitel 5. Zerfällungskörper

Es bleibt zu zeigen, dass (5.5) korrekt ist. Dafür müssen wir die Ungleichung

$$\nu_L \left(\sum_{i=1}^{p^{s_1}-1} \binom{p^{s_1}}{i} \varepsilon^i \alpha_1^{m_\lambda i} \right) > m_\lambda p^{s_1}$$

beweisen. Nach der ultrametrischen Dreiecksungleichung (Definition 2.1) genügt es,

$$\nu_L \left(\binom{p^{s_1}}{i} \varepsilon^i \alpha_1^{m_\lambda i} \right) > m_\lambda p^{s_1} \text{ für } 1 \leq i \leq p^{s_1}-1 \tag{5.6}$$

zu zeigen. Mit $\nu_p(\binom{p^{s_1}}{i}) = s_1 - \nu_p(i)$ (siehe z.B. [32], Abschnitt 3.7) vereinfachen wir zu

$$\nu_L(p)(s_1 - \nu_p(i)) + m_\lambda i > m_\lambda p^{s_1} \iff \frac{\nu_L(p)(s_1 - \nu_p(i))}{p^{s_1} - i} > m_\lambda.$$

Nun führen wir das Problem auf den einsegmentigen Fall zurück, indem wir $m_1 > m_\lambda$ und die Abschätzung aus Korollar 4.12 b) für m_1 benutzen. Es gilt

$$\frac{\nu_L(p)}{p^{s_1-1}(p-1)} \geq m_1 > m_\lambda$$

und wir zeigen im Folgenden mit elementaren Methoden, dass

$$\frac{\nu_L(p)(s_1 - \nu_p(i))}{p^{s_1} - i} \geq \frac{\nu_L(p)}{p^{s_1-1}(p-1)} \tag{5.7}$$

ist. Ungleichung (5.7) lässt sich zu

$$\frac{p \, (p^{s_1} - i)}{p^{s_1}(p-1)(s_1 - \nu_p(i))} \leq 1$$

umstellen. Wir untersuchen den Bruch auf der linken Seite weiter und schreiben dafür i als $i = ap^v$ mit $p \nmid a$ und $v < s_1$. Es ergibt sich

$$\frac{p \, (p^{s_1} - ap^v)}{p^{s_1}(p-1)(s_1 - v)} \leq \frac{p \, (p^{s_1} - p^v)}{p^{s_1}(p-1)(s_1 - v)} = \frac{p}{p-1} \cdot \frac{p^{s_1-v} - 1}{p^{s_1-v}(s_1 - v)} = \frac{p}{p-1} \cdot \frac{1 - (1/p)^{s_1-v}}{s_1 - v}$$

$$= \frac{1 - (1/p)^{s_1-v}}{1 - (1/p)} \cdot \frac{1}{s_1 - v} = (1 + (1/p) + \ldots + (1/p)^{s_1-v-1}) \cdot \frac{1}{s_1 - v} \leq 1$$

und damit (5.7). Daraus können wir wie beschrieben (5.6) folgern und es gilt (5.5) wie behauptet. □

Aufgrund von Satz 5.7 können wir die Informationen der einzelnen Segmente von $\mathcal{V}_{L/K}$ wie im Abschnitt 5.1 nutzen, um einen Teilkörper T des Zerfällungskörpers N anzugeben, so dass N/T eine p-Erweiterung ist. Dieser Körper T enthält demnach die maximale Teilerweiterung von N/K deren Grad teilerfremd zu p ist.

Kapitel 5. Zerfällungskörper

Wir benutzen die Bezeichnungen aus den Abschnitten 4.3 und 4.4 zur Beschreibung der allgemeinen Form des Verzweigungspolygons. Insbesondere ist das $i-te$ Segment S_i von der Form $(p^{s_{i-1}}-1, \nu_L(b_{p^{s_{i-1}}-1})) \leftrightarrow (p^{s_i}-1, \nu_L(b_{p^{s_i}-1}))$, wobei die Elemente b_j die Koeffizienten des Verzweigungspolynoms sind. $S_{\ell+1}$ ist das letzte horizontale Segment (vgl. auch Abbildung 4.1).

Satz 5.8
Sei $f(x) = \sum_{i=0}^{n} a_i x^i \in \mathcal{O}_K[x]$ ein Eisensteinpolynom vom Grad $n = e_0 p^m$ mit $p \nmid e_0$ und $m > 0$. Das Polygon $\mathcal{V}_{f(x)}$ habe $\ell + 1$ Segmente $S_1, \ldots, S_{\ell+1}$. Für $1 \leq i \leq \ell$ sei

- $-h_i/e_i$ die Steigung von S_i mit $\mathrm{ggT}(h_i, e_i) = 1 = d_i e_i + b_i h_i$ für $d_i, b_i \in \mathbb{Z}$,

- $A_i(y)$ das assoziierte Polynom und f_i die assoziierte Trägheit zu S_i,

- $\varepsilon_i \in \mathcal{O}_{\overline{K}}^\times$ beliebig mit $A_i(\underline{\varepsilon_i}) = 0$ und

- $v_i = b_i \cdot e_0 \cdot p^{m-s_{i-1}} + n + 1$.

Außerdem bezeichnen wir mit U/K die unverzweigte Erweiterung vom Grad

$$f = \mathrm{kgV}(f_1, \ldots, f_\ell, [K(\zeta_{e_1 e_0}) : K], \ldots, [K(\zeta_{e_\ell e_0}) : K])$$

und mit N den Zerfällungskörper von $f(x)$. Schließlich sei $L_0 \supset L_1 \supset \ldots \supset L_\ell \supset K$ der kanonische Teilkörperturm zu $\mathcal{V}_{f(x)}$ (vgl. Abschnitt 4.4). Dann gilt:

a) Der Körper

$$T = U \left(\sqrt[e_1 e_0]{(-1)^{v_1} \varepsilon_1^{b_1 n} a_0}, \ldots, \sqrt[e_\ell e_0]{(-1)^{v_\ell} \varepsilon_\ell^{b_\ell n} a_0} \right)$$

ist ein Teilkörper von N/K, so dass N/T eine p-Erweiterung ist.

b) Die Erweiterungen TL_{i-1}/TL_i sind elementar-abelsch für $1 \leq i \leq \ell - 1$.

c) Die Erweiterung T/K ist galoissch und zahm verzweigt mit Verzweigungsindex $e_0 \cdot \mathrm{kgV}(e_1, \ldots, e_\ell)$. Für ihren Grad gilt die obere Schranke

$$[T : K] < n^2.$$

Beweis: Sei $L = K(\alpha)$ für eine Nullstelle α von $f(x)$ und sei $L = L_0 \supset L_1 \supset \ldots \supset L_\ell \supset K$ der Teilkörperturm zu $\mathcal{V}_{L/K}$ aus Satz 4.17. Es gilt $L_i = K(\beta_i)$ mit $\beta_i = \alpha_1 \cdot \ldots \cdot \alpha_{p^{s_i}}$ in der Nummerierung der Nullstellen α_i von $f(x)$ nach Lemma 4.16. Die Konjugierten von β_i über K sind von der Form $\beta_i^{(j)} = \alpha_{(j-1)p^{s_i}+1} \cdot \ldots \cdot \alpha_{jp^{s_i}}$ für $1 \leq j \leq n/p^{s_i}$.

Jedes Teilstück L_{i-1}/L_i für $1 \leq i \leq \ell$ hat p-Potenz-Grad und genau ein Segment im Verzweigungspolygon, daher können wir mit Satz 5.3 die normale Hülle N_i von L_{i-1}/L_i beschreiben.

Wegen der Korrespondenz aus Satz 5.7 und dürfen wir dafür die Werte e_i, b_i und f_i des Segmentes S_i benutzen. Wir erhalten $N_i = U_i \left(\sqrt[e_i]{-(\delta_i^{b_i})\beta_{i-1}} \right)$, wobei U_i/L_{i-1} unverzweigt vom Grad kgV$(f_i, [L_{i-1}(\zeta_{e_i}) : L_{i-1}])$ und $\delta_i \in \mathcal{O}_{\overline{K}}^\times$ ist, so dass $-\underline{\delta_i}$ Nullstelle des assoziierten Polynoms zu $\mathcal{V}_{L_{i-1}/L_i}$ ist. Nach Satz 5.7 können wir anstatt δ_i auch ein beliebiges $\varepsilon_i \in \mathcal{O}_{\overline{K}}^\times$ mit $A_i(\underline{\varepsilon_i}) = 0$ wählen und bekommen

$$N_i = U_i \left(\sqrt[e_i]{-((-1)^{b_i} \varepsilon_i^{b_i p^{s_i-1}} \beta_{i-1})} \right) = U_i(\vartheta_i) \text{ für } 1 \leq i \leq \ell$$

mit N_i/L_i galoissch. Nach Lemma 5.6 ist die erste Verzweigungsgruppe und damit der wild verzweigte Teil von N_i/L_i elementar-abelsch. Für die zahm verzweigte Erweiterung L_ℓ/K setzen wir $N_{\ell+1} = U_{\ell+1} = L_\ell(\zeta_{e_0})$. Wir können nun alle unverzweigten Erweiterungen U_i/L_{i-1} über K „sammeln" indem wir den neuen Körperturm $UL \supset UL_1 \supset \ldots \supset UL_\ell \supset U \supset K$ betrachten. Nach Definition von U sind für $1 \leq i \leq \ell$ die Erweiterungen UN_i/UL_i galoissch und rein verzweigt und ihr zahm verzweigter Anteil UN_i/UL_{i-1} wird vom Polynom $x^{e_i} + (-1)^{b_i}\varepsilon_i^{b_i p^{s_i-1}}\beta_{i-1}$ erzeugt.

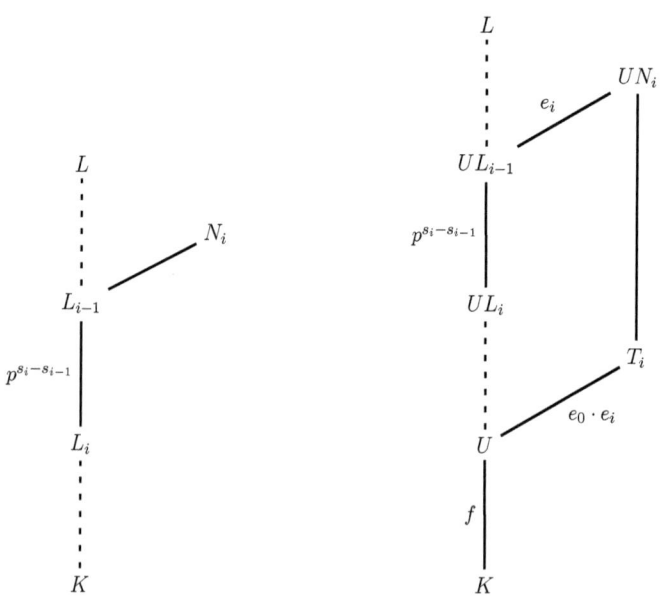

Abbildung 5.2: Körpertürme im Beweis von Satz 5.8.

Ähnlich wie bei den unverzweigten Teilstücken, wollen wir nun diese zahm verzweigten Anteile über U betrachten. Genauso wie im Beweis von Korollar 5.5 ist das Minimalpolynom von ϑ_i

über U gleich

$$\mathcal{N}_{UL_{i-1}/U}\left(x^{e_i} + (-1)^{b_i}\varepsilon_i^{b_i p^{s_i-1}}\beta_{i-1}\right) = \ldots + [(-1)^{b_i}\varepsilon_i^{b_i p^{s_i-1}}]^{[UL_{i-1}:U]}(-1)^n a_0.$$

Dabei haben wir $\varepsilon_i \in \mathcal{O}_U^\times$ vorausgesetzt. Das Produkt der Konjugierten von β_{i-1} (siehe oben) entspricht bis auf Vorzeichen dem Produkt $\prod_{i=1}^n \alpha_i$ und damit dem Koeffizienten a_0. Das Minimalpolynom ist eisenstein und hat Grad $e_i e_0 p^{m-s_{i-1}}$. Mit Lemma 3.3 und $[UL_{i-1} : U] = e_0 p^{m-s_{i-1}}$ erhalten wir die galoissche Erweiterung

$$T_i = U\left(\sqrt[e_i e_0]{(-1)^{v_i}\varepsilon_i^{b_i n} a_0}\right)$$

als maximale zahm verzweigte Teilerweiterung von UN_i/U für $1 \leq i \leq \ell$ (vgl. Abbildung 5.2). Alle diese Erweiterungen enthalten UL_ℓ/U vom Grad e_0. Das Kompositum der T_i ist gleich T. Im wiederum neuen Körperturm

$$TL = TL_0 \supset TL_1 \supset \ldots \supset TL_{\ell-1} \supset T \supset U \supset K$$

ist T/K als Kompositum galoisscher Erweiterungen galoissch und die Erweiterungen TL_{i-1}/TL_i für $1 \leq i \leq \ell - 1$ sind elementar-abelsche p-Erweiterungen (Aussage b)).

Durch induktive Anwendung von Satz 2.21 lässt sich jetzt folgern, dass N/T eine p-Erweiterung ist (Aussage a)). Im ersten Schritt betrachten wir den normalen Abschluss $M_{\ell-1}$ von $TL_{\ell-1}/T/K$. Der Satz besagt, dass wir $\text{Gal}(M_{\ell-1}/T)$ in ein direktes Produkt

$$\text{Gal}(TL_{\ell-1}/T) \times \ldots \times \text{Gal}(TL_{\ell-1}/T)$$

einbetten können. Weil $\text{Gal}(TL_{\ell-1}/T)$ eine p-Gruppe ist, muss somit auch $\text{Gal}(M_{\ell-1}/T)$ eine p-Gruppe sein. Im nächsten Schritt würden wir jetzt Satz 2.21 auf $M_{\ell-1}L_{\ell-2}/M_{\ell-1}/T$ anwenden und so weiter.

c) Der Verzweigungsindex von T/K ergibt sich mit Abhyankar's Lemma (Lemma 2.9), weil T das Kompositum der zahmen Erweiterungen T_i/K ist (vgl. auch Lemma 3.7). Eine erste offensichtliche obere Schranke für $[T:K]$ ist $e_0 \cdot [K(\zeta_{e_0}):K] \cdot \prod_{i=1}^\ell n_i$ mit $n_i = e_i f_i \cdot [K(\zeta_{e_i}):K]$. Für $1 \leq i \leq \ell$ können wir zur Abschätzung von n_i nach Satz 5.7 die einsegmentige Erweiterung L_{i-1}/L_i betrachten. Es gilt $[L_{i-1}:L_i] = p^{s_i-s_{i-1}}$ (Satz 4.17) und somit ist nach Korollar 5.4 $n_i \leq (p^{s_i-s_{i-1}}-1)^2 < (p^{s_i-s_{i-1}})^2$. Wir erhalten $\prod_{i=1}^\ell n_i < (p^{s_1} p^{s_2-s_1} \cdots p^{s_\ell-s_{\ell-1}})^2 = (p^{s_\ell})^2 = (p^m)^2$. Außerdem ist $e_0 \cdot [K(\zeta_{e_0}):K] < e_0^2$ und wir haben $[T:K] < (e_0 p^m)^2 = n^2$ wie behauptet. □

Satz 5.8 lässt sich auch in algorithmischer Form ausdrücken. Wir benutzen die gleichen Bezeichnungen.

Algorithmus 5.1 (p-Reduktion)

Input:
Ein Eisensteinpolynom $f(x) = \sum_{i=0}^{n} a_i x^i \in \mathcal{O}_K[x]$ vom Grad $n = e_0 p^m$ mit $p \nmid e_0$.

Output:
Ein Erweiterungskörper T von K, über dem der Zerfällungskörper von $f(x)$ eine p-Erweiterung ist.

p-Reduktion$(f(x))$

(1) **wenn** $p \nmid n$

    (2) erzeuge $T = K(\zeta_n, \sqrt[n]{-a_0})$ und **gib** T **zurück**

(3) berechne $\mathcal{V}_{f(x)}$ und die assoziierten Polynome $A_1(y), \ldots, A_\ell(y) \in \mathbb{F}_q[y]$ der ersten ℓ Segmente mit *VerzweigungspolygonPlus*$(f(x))$

(4) **für** $1 \leq i \leq \ell$

    (5) berechne die Steigung h_i/e_i des i-ten Segmentes sowie die ggT-Darstellung $d_i e_i + b_i h_i = 1$ und den Wert v_i

    (6) bestimme die assoziierte Trägheit f_i von S_i, eine Nullstelle δ_i von $A_i(y) \in \mathbb{F}_{q^{f_i}}[y]$ und $\tilde{f}_i = [K(\zeta_{e_i e_0}) : K]$

(7) erzeuge die unverzweigte Erweiterung U/K vom Grad

$$f = \text{kgV}(f_1, \ldots, f_\ell, \tilde{f}_1, \ldots, \tilde{f}_\ell)$$

(8) **für** $1 \leq i \leq \ell$

    (9) bestimme $\varepsilon_i \in \mathcal{O}_U^\times$ mit $\underline{\varepsilon_i} = \delta_i$

(10) erzeuge $T = U\left(\sqrt[e_1 e_0]{(-1)^{v_1} \varepsilon_1^{b_1 n} a_0}, \ldots, \sqrt[e_\ell e_0]{(-1)^{v_\ell} \varepsilon_\ell^{b_\ell n} a_0} \right)$

(11) **gib** T **zurück**

Bemerkungen zum Algorithmus:

Der Vollständigkeit halber wird in Schritt (2) der Fall eines zahmen Eisensteinpolynoms abgehandelt (vgl. Korollar 3.4 und Satz 3.6). Hier ist T der Zerfällungskörper von $f(x)$. Danach berechnet Algorithmus 5.1 anhand des Verzweigungspolygons die für die Aussage von Satz 5.8 nötigen Daten und erzeugt daraufhin die unverzweigte Erweiterung U/K sowie die Erweiterung T/U. Ausgewählte Rechenschritte werden im Folgenden genauer erläutert:

(3) Siehe Algorithmus 4.2.

Kapitel 5. Zerfällungskörper 63

(6) Der Zerfällungskörper von $A_i(y)$ über $\mathbb{F}_q$ lässt sich durch eine Faktorisierung ermitteln. Sein Grad f_i über $\mathbb{F}_q$ ist gleich dem kleinsten gemeinsamen Vielfachen der Grade der irreduziblen Faktoren von $A_i(y)$. Eine Nullstelle δ_i bekommt man z.z.B. durch eine erneute Faktorisierung von $A_i(y)$ über $\mathbb{F}_{q^{f_i}}$. Der Grad $\tilde{f}_i$ ist die kleinste natürliche Zahl mit $e_i e_0 \mid q^{\tilde{f}_i} - 1$.

(9) Zur Bestimmung von ε_i interpretiert man den Zerfällungskörper von $A_i(y)$ als Teilkörper von $\underline{U} = \mathcal{O}_U / \pi_U \mathcal{O}_U$ und wählt einen beliebigen Repräsentanten der von δ_i bestimmten Nebenklasse.

(10) Die Erweiterung T/U lässt sich durch Adjunktion je einer Nullstelle der Eisensteinpolynome $x^{e_i e_0} - (-1)^{v_i} \varepsilon_i^{b_i n} a_0$ für $1 \leq i \leq \ell$ erzeugen. Weil alle nötigen Einheitswurzeln per Konstruktion in U enthalten sind, handelt es sich bei den Erweiterungen T_i/U mit

$$T_i = U\left(\sqrt[e_i e_0]{(-1)^{v_i} \varepsilon_i^{b_i n} a_0} \right)$$

um zyklische Erweiterungen. Eine zweite Möglichkeit zur Konstruktion von T ist daher, T als Kompositum der Körper T_i mit Methoden der Klassenkörpertheorie (siehe Abschnitt 2.4) zu erzeugen. Der Körper T ist Klassenkörper zur Normgruppe

$$\bigcap_{i=1}^{\ell} \mathcal{N}(T_i/U) \leq U^{\times}$$

(vgl. Satz 2.25). Die Konstruktion eines Klassenkörpers zu gegebener Normgruppe wird von Sebastian Pauli in [31] beschrieben und ist im Computer-Algebra-System MAGMA [5] implementiert.

Satz 5.9 (Komplexität von Algorithmus 5.1)
Für die Berechnung des Körpers T benötigt Algorithmus 5.1 von jedem Koeffizienten von $f(x) \in \mathcal{O}_K[x]$ nur den ersten Summanden seiner p-adischen Normalreihe, sowie eine Darstellung $p = \varepsilon \pi^{e_K}$ mit $\varepsilon \in \mathcal{O}_K^{\times}$ der Primzahl p.
Aus diesen Eingabedaten berechnet Algorithmus 5.1 den Körper T mit $\mathrm{O}(n \log n)$ Rechenoperationen in $\mathbb{Z}$ und $\mathrm{O}(\log n\, \mathrm{P}(n, q^n))$ Rechenoperationen im endlichen Körper $\mathbb{F}_{q^n}$ (vgl. Definition 2.29).

Beweis: Nach Satz 4.13 reichen die ersten Summanden und die Darstellung von p zur Berechnung von $\mathcal{V}_{f(x)}$ und der assoziierten Polynome aus. Damit haben wir alle nötigen Informationen für den weiteren Ablauf des Verfahrens.

Schritt (3) benötigt nach Satz 4.13 $O(n \log n)$ Rechenoperationen in $\mathbb{Z}$ und $O(\log n)$ Operationen in $\mathbb{F}_q \subset \mathbb{F}_{q^n}$. Die Schleife (4) wird $O(\log n)$ mal durchgeführt. Weil die Länge der Projektion auf die x-Achse eines Segmentes durch $n-1$ beschränkt ist, können wir den Aufwand für die Berechnung des erweiterten ggT's in (5) durch $O(n)$ nach oben abschätzen. Die Berechnung von v_i können wir vernachlässigen. Die Anzahl der Rechenoperationen für die zwei Faktorisierungen in Schritt (6) schätzen wir mit $O(P(n, q^n))$ nach oben ab, weil $\text{Grad}(A_i(y)) < n$ und $f_i < n$ gilt. Außerdem braucht man für die Bestimmung von $\tilde{f}_i$ weniger als $e_i e_0$, also $O(n)$, Teilbarkeitstests in $\mathbb{Z}$. Wenn wir für die Berechnung des kgV zweier Zahlen wie beim ggT einen Aufwand von $O(n)$ annehmen, kommen wir auch bei Schritt (7) auf $O(n \log n)$ in $\mathbb{Z}$. Für Schritt (9) berücksichtigen wir keinen Rechenaufwand, da es sich nur um das Wählen eines geeigneten Repräsentanten handelt (vgl. Bemerkungen zum Algorithmus).

Insgesamt erhalten wir nach Definition 2.28 und den Rechenregeln für die O-Notation den behaupteten Aufwand von $O(n \log n)$ Rechenoperationen in $\mathbb{Z}$ und $O(\log n \, P(n, q^n))$ Rechenoperationen in $\mathbb{F}_{q^n}$. □

Korollar 5.10
Algorithmus 5.1 ist polynomiell in n und $\log q$.

Beweis: Nach Lemma 2.30 gilt $P(n, q^n) = \tilde{O}(n^{5/2} \log q)$. Damit folgt aus Satz 5.9 die Behauptung. □

Korollar 5.11
Für ein Eisensteinpolynom $f(x) \in \mathcal{O}_K[x]$ kann in polynomieller Zeit verifiziert werden, ob $\text{Gal}(f(x))$ eine p-Gruppe ist oder nicht.

Zusammen mit Algorithmus 4.5 aus Abschnitt 4.4 lässt sich jetzt auch leicht der Körperturm $TL = TL_0 \supset TL_1 \supset \ldots \supset TL_{\ell-1} \supset T \supset K$ aus dem Beweis von Satz 5.8 berechnen. Er hat die schöne Eigenschaft, dass die Relativerweiterungen TL_{i-1}/TL_i für $1 \leq i \leq \ell$ elementar-abelsch sind.

Algorithmus 5.2 (p-Reduktion und Körperturm zum Verzweigungspolygon)

Input:
Ein Eisensteinpolynom $f(x) \in K[x]$.

Output:
Der Körperturm $TL = TL_0 \supset TL_1 \supset \ldots \supset TL_{\ell-1} \supset T \supset K$. Die Körper L_i sind die Körper zu $\mathcal{V}_{f(x)}$ (vgl. Abschnitt 4.4) und T ist der Teilkörper des Zerfällungskörpers aus Satz 5.8.

p-*ReduktionPlus*$(f(x))$

$T := p$-*Reduktion*$(f(x))$

berechne mit *VPTeilkörperturm*$(f(x))$ den Körperturm $L = L_0 \supset \ldots \supset L_\ell \supset K$

sei $g_i(x)$ das Eisensteinpolynom für die Erweiterung L_i/L_{i+1} für $0 \le i \le \ell - 1$

erzeuge $TL_{\ell-1} = T(\alpha)$ für eine Nullstelle α von $g_{\ell-1}(x)$

für i von $\ell - 2$ bis 0

erzeuge $TL_i = TL_{i+1}(\alpha)$ für eine Nullstelle α von $g_i(x)$

gib den Körperturm $TL_0 \supset TL_1 \supset \ldots \supset TL_{\ell-1} \supset T \supset K$ **zurück**

Bemerkungen zum Algorithmus:

Sei $e_0 p^m$ der Grad von $f(x)$ und L/K die von $f(x)$ erzeugte Körpererweiterung. Dann ist L_ℓ/K die zahme Teilerweiterung vom Grad e_0 (vgl. Satz 4.17). Sie ist nach Satz 5.8 in T/K enthalten und muss daher bei der Konstruktion im Algorithmus nicht berücksichtigt werden.

Die Polynome $g_i(x) \in L_{i+1}[x]$, die in *VPTeilkörperturm* (Algorithmus 4.5) zur Konstruktion des Körperturmes $L = L_0 \supset \ldots \supset L_\ell \supset K$ benutzt werden, sind Minimalpolynome von Primelementen und damit eisenstein.

Die Erweiterung $TL_i = TL_{i+1}$ kann durch Adjunktion einer Nullstelle von $g_i(x) \in L_{i+1}[x]$ erzeugt werden, weil das Polynom auch über TL_{i+1} irreduzibel ist. Dies wird klar, wenn man das Newton-Polygon von $g_i(x)$ betrachtet: Über L_{i+1} besteht es aus einem Segment der Steigung $1/[L_i : L_{i+1}]$, die über TL_{i+1} zu $e_0 \cdot \text{kgV}(e_1, \ldots, e_\ell)/[L_i : L_{i+1}]$ transformiert wird (vgl. Satz 5.8 c)). Da $[L_i : L_{i+1}]$ eine p-Potenz und $e_0 \cdot \text{kgV}(e_1, \ldots, e_\ell)$ teilerfremd zu p ist, folgt mit Satz 2.17 die Behauptung.

5.3 Berechnung von Zerfällungskörpern

Das Verzweigungspolygon liefert im Allgemeinen nicht genug Informationen, um den Zerfällungskörper eines Eisensteinpolynoms komplett theoretisch zu beschreiben. Es bietet allerdings die Möglichkeit, die Berechnung des Zerfällungskörpers auf einem Computer zu beschleunigen. Dabei werden die Reduktion zur p-Erweiterung (Satz 5.8) und der Teilkörperturm zum Polygon (Abschnitt 4.4) ausgenutzt.

Der Standard-Algorithmus zur Berechnung des Zerfällungskörpers durch sukzessives Faktorisieren ist von der folgenden Form. Er funktioniert für beliebige Grundkörper K und ein beliebiges Polynom $f(x) \in K[x]$.

Algorithmus 5.3 (Zerfällungskörper über Trivialansatz)

Input: Ein Polynom $f(x) \in K[x]$.

Output: Der Zerfällungskörper von $f(x)$.

$Zerfällungskörper(f(x))$

    initialisiere $L := K$ und $g(x) := f(x)$

    solange $g(x)$ ungleich 1 ist

        faktorisiere $g(x)$ über L, bezeichne mit $m(x)$ einen irreduziblen Faktor maximalen Grades und mit $g_1(x), \ldots, g_k(x)$ die linearen Faktoren

        setze $g(x) := g(x)/(g_1(x) \cdot \ldots \cdot g_k(x))$

        erzeuge $L := L(\alpha)$ für eine Nullstelle α von $m(x)$

    gib L zurück

Ist n der Grad des Polynoms, benötigt Algorithmus 5.3 im schlimmsten Fall, wenn in jedem Durchlauf der Schleife nur ein Linearfaktor abgespalten wird, $n-1$ Faktorisierungen. Außerdem wächst in diesem Fall der Grad der Körper, über denen faktorisiert wird, schnell an, was die Faktorisierungen sehr aufwändig macht.

Satz 5.8 bzw. Algorithmus 5.1 liefert uns im Falle eines Eisensteinpolynoms mit wenig Aufwand einen wichtigen Teilkörper des Zerfällungskörpers. Die Tatsache, dass der gesuchte Körper eine p-Erweiterung über T ist, schränkt das Faktorisierungsverhalten von $f(x)$ stark ein. Es können über T bzw. Erweiterungen von T nur noch Faktoren von p-Potenz-Grad auftreten. Der oben beschriebene worst case ist nicht mehr möglich. Daher wäre eine Kombination aus Algorithmus 5.1 und Algorithmus 5.3 über T ein erster verbesserter Ansatz zur Zerfällungskörperberechnung.

Algorithmus 5.4 geht noch etwas weiter. Er nutzt den Körper T sowie den Teilköperturm zum Verzweigungspolygon (Abschnitt 4.4). Außerdem werden Methoden der lokalen Klassenkörpertheorie (Abschnitt 2.4) angewandt.

Algorithmus 5.4 (Zerfällungskörper über Verzweigungspolygon)

Input: Ein Eisensteinpolynom $f(x) \in K[x]$.

Kapitel 5. Zerfällungskörper

Output: Der Zerfällungskörper von $f(x)$.

VPZerfällungskörper$(f(x))$

(1) berechne mit *VPTeilkörper*$(f(x))$ erzeugende Polynome $f(x) = f_0(x), \ldots, f_\ell(x)$ für die Teilkörper zu $\mathcal{V}_{f(x)}$

(2) $T := $ *p-Reduktion*$(f(x))$

falls Grad$(f(x))$ eine p-Potenz ist

(3) erzeuge $N := T(\alpha)$ für eine Nullstelle α von $f_\ell(x)$

sonst

(4) setze $N := T$

für i von $\ell - 1$ bis 0

(5) faktorisiere $f_i(x)$ über N: $f_i(x) = g_1(x) \cdot \ldots \cdot g_r(x) \in N[x]$

(6) erzeuge die Körper $M_j := N(\alpha_j)$ für eine Nullstelle α_j von $g_j(x)$ für $1 \leq j \leq r$

(7) berechne $R := \bigcap_{j=1}^{r} \mathcal{N}(M_j/N) \leq N^\times$

(8) erzeuge die abelsche Erweiterung M/N mit $\mathcal{N}(M/N) = R$

(9) setze $N := M$

gib N zurück

Bemerkungen zum Algorithmus:

Sei $L = L_0 \supset L_1 \supset \ldots \supset L_\ell \supset K$ der Teilkörperturm zu $\mathcal{V}_{f(x)}$ (siehe Satz 4.17). Das Eisensteinpolynom $f_i(x) \in K[x]$ erzeugt die Erweiterung L_i/K für $0 \leq i \leq \ell$. Der Algorithmus *VPZerfällungskörper* konstruiert sukzessive die Zerfällungskörper der Polynome

$$f_\ell(x), f_{\ell-1}(x), \ldots, f_1(x), f(x)$$

über T und damit im letzten Schritt den gesuchten Zerfällungskörper von $f(x)$ über K, weil T Teilkörper des Zerfällungskörpers ist (Satz 5.8). Es folgen genauere Erläuterungen der einzelnen Schritte:

(1) Siehe Algorithmus 4.4.

(2) Siehe Satz 5.8 bzw. Algorithmus 5.1.

(3) Sei Grad$(f(x)) = e_0 p^m$ mit $p \nmid e_0$. Bei $e_0 = 1$ ist $f_\ell(x)$ irreduzibel über T (vgl. Algorithmus 5.2). Weil L_ℓ/K galoissch ist, ist auch der erzeugte Körper $N := TL_\ell$ galoissch über T. Daher reicht es aus, die anschließende für-Schleife mit $f_{\ell-1}(x)$ über N zu beginnen.

Kapitel 5. Zerfällungskörper

(4) Bei $e_0 \neq 1$ enthält T den kleinsten Teilkörper L_ℓ vom Grad e_0 über K. Darum reicht es in diesem Fall ebenfalls aus in der für-Schleife bei $i = \ell - 1$ zu beginnen.

(5) Faktorisieren von Polynomen über p-adischen Körpern ist im Computer-Algebra-System MAGMA implementiert. Es werden die Methoden von Sebastian Pauli (siehe [33]) genutzt.

(6) Wichtig für den nächsten Schritt ist, dass die Erweiterungen M_j/N abelsch sind. Es folgt ein kurzer Beweis:

Per Induktion nehmen wir an, dass N der Zerfällungskörper von $f_{i+1}(x)$ über T, also der normale Abschluss von TL_{i+1} über T ist. Weil TL_i/TL_{i+1} abelsch ist (Satz 5.8 b)), muss auch NL_i/N abelsch sein. Daraus folgt mit Satz 2.21, dass der normale Abschluss von NL_i/T (das ist der Zerfällungskörper von $f_i(x)$ über T) abelsch über N ist. Daher müssen die Erweiterungen M_j/N ebenfalls abelsch sein.

(7) Die Gruppe R entspricht nach Satz 2.25 der Normgruppe des Kompositums der abelschen Erweiterungen M_j/N für $1 \leq j \leq r$.

(8) Der Klassenkörper zu einer gegebenen Normgruppe kann in MAGMA erzeugt werden. Das Verfahren wird in [31] beschrieben.

(9) Der Körper M ist der Zerfällungskörper von $f_i(x)$ über T und wird Grundkörper für die Betrachtung von $f_{i-1}(x)$ im nächsten Schleifendurchlauf.

Zum Abschluss dieses Kapitels geben wir noch ein Verfahren an, das die Normgruppe des Zerfällungskörpers im Grundkörper K und damit nach der Klassenkörpertheorie eine Beschreibung des maximalen abelschen Quotienten der Galoisgruppe bestimmt. Man beachte, dass Galoisgruppen p-adischer Körpererweiterungen immer einen nicht-trivialen abelschen Quotienten haben, da sie auflösbar sind (vgl. Satz 2.12). Außerdem liefert der Algorithmus eine obere Schranke für den Grad des Zerfällungskörpers. Er kommt ohne Faktorisieren aus und ist daher deutlich schneller als die Algorithmen 5.3 und 5.4.

Wichtig für die Korrektheit des Verfahrens ist die folgende Aussage, die sich aus den Hauptergebnissen der lokalen Klassenkörpertheorie (siehe Abschnitt 2.4) folgern lässt.

Lemma 5.12

Seien M/L und L/K galoissche Erweiterungen p-adischer Körper und sei N der normale Abschluss von M/K. Dann gilt

$$\mathcal{N}(N/L) = \bigcap_{\sigma \in \mathrm{Gal}(L/K)} \sigma(\mathcal{N}(M/L)).$$

Kapitel 5. Zerfällungskörper   69

Beweis: Es sei $G = \text{Gal}(L^{\text{ab}}/K)$ und $H = \text{Gal}(L^{\text{ab}}/(M \cap L^{\text{ab}}))$. Der normale Abschluss $\tilde{N}$ von $(M \cap L^{\text{ab}})/K$ liegt nach Satz 2.21 in L^{ab}. Nach dem Hauptsatz der Galoistheorie und weil $\text{Gal}(L^{\text{ab}}/L)$ abelsch ist, gilt

$$\text{Gal}(L^{\text{ab}}/\tilde{N}) = \bigcap_{g \in G} H^g = \bigcap_{\sigma \in \text{Gal}(L/K)} H^{\tilde{\sigma}}, \tag{5.8}$$

wobei $\tilde{\sigma}$ eine beliebige Fortsetzung von σ auf L^{ab} bezeichnet. Sei $\rho_L : L^\times \to \text{Gal}(L^{\text{ab}}/L)$ die Normrestabbildung von L. Sie hat die Eigenschaft, dass

$$\rho_L(\sigma(x)) = \tilde{\sigma}^{-1} \cdot \rho_L(x) \cdot \tilde{\sigma} = \rho_L(x)^{\tilde{\sigma}} \tag{5.9}$$

für alle $x \in L^\times$ und alle Automorphismen σ von L gilt (Lemma 2.24). Wieder bezeichnet $\tilde{\sigma}$ eine Fortsetzung von σ auf L^{ab}. Nun können wir die behauptete Gleichheit zeigen:

Mit Satz 2.23 und Lemma 2.27 erhalten wir

$$\mathcal{N}(N/L) = \mathcal{N}(N \cap L^{\text{ab}}/L) = \mathcal{N}(\tilde{N}/L) = \rho_L^{-1}(\text{Gal}(L^{\text{ab}}/\tilde{N})).$$

Weiter gilt nach (5.8) und (5.9)

$$\rho_L^{-1}(\text{Gal}(L^{\text{ab}}/\tilde{N})) = \rho_L^{-1}\left(\bigcap_{\sigma \in \text{Gal}(L/K)} H^{\tilde{\sigma}}\right) = \bigcap_{\sigma \in \text{Gal}(L/K)} \sigma(\mathcal{N}(M/L))$$

und damit die Behauptung. □

Zur Vereinfachung der Notation bezeichnen wir den Körperturm $TL = TL_0 \supset TL_1 \supset \ldots \supset TL_{\ell-1} \supset T \supset K$ aus dem Beweis von Satz 5.8, der mit *p-ReduktionPlus* (Algorithmus 5.2) berechnet werden kann mit $K_0 \supset K_1 \supset \ldots \supset K_{\ell-1} \supset K_\ell \supset K$. Die Erweiterungen K_i/K_{i+1} für $0 \leq i \leq \ell - 1$ sind demnach total wild verzweigt und elementar-abelsch. Die Erweiterung K_ℓ/K ist zahm verzweigt und galoissch.

Algorithmus 5.5 (Normgruppe des Zerfällungskörpers)

Input:
Ein Eisensteinpolynom $f(x) \in K[x]$.

Output:
Die Normgruppe des Zerfällungskörpers von $f(x)$ in $K^\times$ und eine obere Schranke für den Grad des Zerfällungskörpers über K.

Kapitel 5. Zerfällungskörper

$NormgruppeZerfällungskörper(f(x))$

berechne mit *p-ReduktionPlus* den Körperturm $K_0 \supset K_1 \supset \ldots \supset K_\ell \supset K_{\ell+1} = K$

gib $RekursivesKopieren(K_0, \ldots, K_{\ell+1})$ **zurück**

$RekursivesKopieren(K_0, \ldots, K_j)$

(1) initialisiere $i := j - 1$

solange K_i/K_j galoissch und $i \geq 0$ ist

  (2) setze $i := i - 1$

falls $i = 0$ ist

  (3) gib $\mathcal{N}(K_0/K_j)$ und $[K_0 : K_j]$ zurück

(4) $R_1, n := RekursivesKopieren(K_0, \ldots, K_i)$

(5) setze $d_1 := |K_i^\times / R_1|$

(6) berechne die Automorphismen von K_i/K_j und speichere sie in der Liste $\mathcal{A}$

(7) berechne $R_2 := \bigcap_{\sigma \in \mathcal{A}} \sigma(R_1) \leq K_i^\times$

(8) setze $d_2 := \frac{d_1^{[K_i:K_j]}}{|K_i^\times / R_2|}$ und $n := \frac{[K_i:K_j] \cdot n^{[K_i:K_j]}}{d_2}$

(9) berechne $R_3 := \mathcal{N}_{K_i/K_j}(R_2) \leq K_j^\times$

gib R_3 und n **zurück**

Bemerkungen zum Algorithmus:

Der Algorithmus *NormgruppeZerfällungskörper* arbeitet mit seiner Unterfunktion *Rekursives-Kopieren* den Körperturm $K_0 \supset K_1 \supset \ldots \supset K_\ell \supset K_{\ell+1} = K$ rekursiv von oben nach unten ab. Die einzelnen Schritte von *RekursivesKopieren* werden jetzt genauer erläutert:

(1) Die Funktion startet beim Körper K_j. Die Erweiterung K_{j-1}/K_j ist galoissch nach Satz 5.8.

(2) Weil die Relativerweiterungen im Körperturm abelsch sind, kann die Abbruchbedingung der solange-Schleife mit klassenkörpertheoretischen Methoden überprüft werden. Setzen wir voraus, dass K_{i+1}/K_j galoissch ist, so ist die Erweiterung K_i/K_j genau dann galoissch, wenn $\mathcal{N}(K_i/K_{i+1}) \leq K_{i+1}^\times$ unter allen Automorphismen von $\text{Gal}(K_{i+1}/K_j)$ invariant bleibt.

Kapitel 5. Zerfällungskörper

(3) Wenn K_0/K_j galoissch ist, bricht die Rekursion ab. Der Algorithmus terminiert, weil die falls-Bedingung spätestens beim Aufruf $RekursivesKopieren(K_0, K_1)$ erfüllt ist.

(4) Rekursiv erhalten wir hier die gesuchten Parameter für die Erweiterung K_0/K_i. Die Gruppe $R_1 \leq K_i^\times$ ist die Normgruppe der normalen Hülle N_i von K_0/K_i und $n \in \mathbb{N}$ ist eine obere Schranke für den Grad $[N_i : K_i]$.

(5) Die Ordnung der Faktorgruppe $K_i^\times/R_1$ entspricht dem Grad der maximalen abelschen Teilerweiterung von N_i/K_i.

(6) Die Automorphismen der galoisschen Erweiterung K_i/K_j können durch die Berechnung der Nullstellen des erzeugenden Polynoms in K_i bestimmt werden.

(7) Sei N_j die normale Hülle von K_0/K_j. Nach Lemma 5.12 ist R_2 die Normgruppe von N_j/K_i.

(8) Zur Abschätzung des Grades von N_j/K_j betrachten wir N_j als Kompositum der zu N_i/K_j konjugierten Erweiterungen $N_i^{(k)}/K_j$ für $1 \leq k \leq [K_i : K_j]$. Der Grad kann maximal gleich $[K_i : K_j] \cdot n^{[K_i:K_j]}$ sein, wenn der Schnitt S der konjugierten Körper gleich K_i ist. Mit dem Wert d_2 berücksichtigen wir den maximalen abelschen Teilkörper von S/K_i, der uns nach (5) und (7) bekannt ist. Wenn es einen nicht-trivialen Schnitt der $N_i^{(k)}$ über K_i gibt, dann gibt es auch einen abelschen Schnitt, denn die Gruppe $\mathrm{Gal}(S/K_i)$ muss einen echten abelschen Faktor haben.

Natürlich kann es über K_i nicht abelsche Schnitte der konjugierten Körper geben, die wir im Algorithmus nicht erkennen können. Darum ist n im Allgemeinen nur eine obere Schranke für den Grad $[N_j : K_j]$.

(9) Für den nächsten rekursiven Schritt benötigen wir die Normgruppe von N_j über K_j. Es gilt $\mathcal{N}(N_j/K_j) = \mathcal{N}_{K_i/K_j}(\mathcal{N}(N_j/K_i)) = \mathcal{N}_{K_i/K_j}(R_2)$.

Beispiel 5.2

Anhand des Polynoms $f(x) = x^8 + 4x^6 + 8x^5 + 2x^4 + 12x^2 + 8x + 2 \in \mathbb{Q}_2[x]$ soll noch einmal der Ablauf des Algorithmus erläutert werden. Die relevanten Körperdiagramme sind in Abbildung 5.3 dargestellt. Das Diagramm links unten zeigt den tatsächlichen Zerfällungskörper und die für den Algorithmus wichtigen Unterkörper. Das Diagramm rechts oben zeigt den Zerfällungskörper, so wie er im Algorithmus erkannt wird.

Das Polygon $\mathcal{V}_{f(x)}$ besteht aus drei Segmenten. Die Segmente haben alle ganzzahlige Steigungen und die zugeordneten assoziierten Polynome zerfallen in Linearfaktoren über $\overline{\mathbb{Q}_2} \cong \mathbb{F}_2$. Damit ist der Körper T aus Satz 5.8 gleich $\mathbb{Q}_2$ und der von *p-ReduktionPlus* berechnete Körperturm

Kapitel 5. Zerfällungskörper

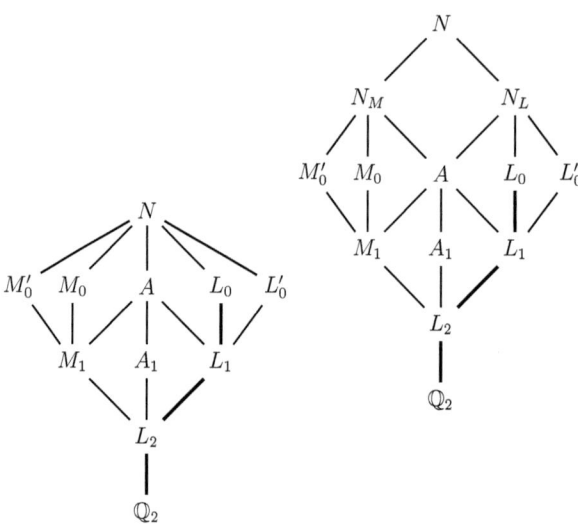

Abbildung 5.3: Zerfällungskörper von $f(x) = x^8 + 4x^6 + 8x^5 + 2x^4 + 12x^2 + 8x + 2 \in \mathbb{Q}_2[x]$

$K_0 \supset K_1 \supset K_2 \supset \mathbb{Q}_2$ entspricht dem Körperturm $L_0 \supset L_1 \supset L_2 \supset \mathbb{Q}_2$ zum Verzweigungspolygon aus Abschnitt 4.4. Dieser Körperturm ist in beiden Diagrammen durch fett gedruckte Linien hervorgehoben. Man beachte, dass alle anderen Körper im Algorithmus nicht konstruiert werden, sondern nur ihre Normgruppen.

Der Algorithmus startet mit $RekursivesKopieren(L_0, L_1, L_2, \mathbb{Q}_2)$. Weil $L_1/\mathbb{Q}_2$ und L_0/L_2 nicht galoissch sind, wird $\mathcal{N}(N_L/L_2), 8 := RekursivesKopieren(L_0, L_1, L_2)$ rekursiv mit Hilfe von $\mathcal{N}(L_0/L_1), 2 := RekursivesKopieren(L_0, L_1)$ berechnet. Der Körper N_L ist die normale Hülle von L_0/L_2. Bis zu diesem Zeitpunkt sind die berechneten Daten noch exakt: Der Grad von N_L über L_2 ist gleich 8 und durch die Gruppe $R := \mathcal{N}(N_L/L_2)$ mit $L_2^\times/R \cong C_2 \times C_2$ wird der maximale abelsche Teilkörper A von N_L/L_2 beschrieben. Die Erweiterung L_0'/L_2 ist konjugiert zu L_0/L_2.

Im ersten Durchlauf von *RekursivesKopieren* wird nun der Grad des Kompositums $N_M N_L$ abgeschätzt und die Normgruppe bestimmt (Schritte (5) bis (9)). $M_0/\mathbb{Q}_2$ bzw. $M_0'/\mathbb{Q}_2$ sind zu $L_0/\mathbb{Q}_2$ konjugierte Erweiterungen und N_M ist deren normaler Abschluss über L_2. Von diesem linken „Teilbaum" des Körperdiagrammes kennen wir den Grad $[N_M : L_2] = 8$ und die Normgruppe $\sigma(R) \leq L_2^\times$ für $\mathrm{Gal}(L_2/\mathbb{Q}_2) = \langle \sigma \rangle$. Wir erkennen, dass $\sigma(R) = R$ ist, also dass N_M und N_L denselben maximal abelschen Teilkörper A über L_2 haben. Wir erkennen im Algorithmus

Kapitel 5. Zerfällungskörper 73

nicht, dass der Schnitt in Wirklichkeit noch größer ist, nämlich dass $N_M = N_L = N$ gilt (linkes Körperdiagramm). Unsere Abschätzung für $[N : \mathbb{Q}_2]$ (nach dem rechten Diagramm) fällt daher mit $[N : \mathbb{Q}_2] \leq 32$ um den Faktor 2 zu groß aus.

Als Normgruppe von N in $\mathbb{Q}_2^\times$ erhält man nun $\mathcal{N}_{L_2/\mathbb{Q}_2}(R)$. Sie korrespondiert zum maximalen abelschen Teilkörper A_1 von $N/\mathbb{Q}_2$ mit $\operatorname{Gal}(A_1/\mathbb{Q}_2) \cong C_2 \times C_2$. Die Galoisgruppe von $f(x)$ ist in diesem Beispiel die Gruppe $8T_6$ in der Nummerierung der transitiven Permutationsgruppen nach [4]. Ihr Normalteiler $\operatorname{Gal}(N/L_2)$ ist isomorph zur Gruppe D_8, der Diedergruppe mit 8 Elementen. •

Weil der maximale abelsche Teilkörper des Zerfällungskörpers die maximale unverzweigte Teilerweiterung enthält (vgl. Satz 3.1), kann man diese an der Normgruppe ablesen. Zusammen mit Algorithmus 5.1 zur p-Reduktion gibt uns darum das eben vorgestellte Verfahren die Möglichkeit, auch den maximalen zahm verzweigten Teilkörper des Zerfällungskörpers zu berechnen:

Algorithmus 5.6 (Maximaler zahm verzweigter Teilkörper des Zerfällungskörpers)

Input: Ein Eisensteinpolynom $f(x) \in K[x]$.

Output: Der maximale zahm verzweigte Teilkörper des Zerfällungskörpers von $f(x)$.

ZahmerZerfällungskörper$(f(x))$

(1) berechne die Normgruppe $R \leq K^\times$ des Zerfällungskörpers mit
    AQZerfällungskörper$(f(x))$

(2) $T := p\text{-}Reduktion(f(x))$

(3) bestimme das maximale $f \in \mathbb{N}$ mit
$$R \leq \langle \pi^f \rangle \times \langle \zeta_{q-1} \rangle \times (1+\wp) \leq K^\times$$

(4) erzeuge die unverzweigte Erweiterung $\tilde{T}/T$ vom Grad $\frac{f}{f_{T/K}}$

(5) **gib $\tilde{T}$ zurück**

Bemerkungen zum Algorithmus:

(2) Der Körper T enthält nach Satz 5.8 schon alle total zahm verzweigten Anteile des Zerfällungskörpers. Es kann nur noch Trägheit zum maximalen zahm verzweigten Teilkörper fehlen. Diese Trägheit wird im nächsten Schritt ermittelt.

(3) Es ist $K^\times = \langle \pi \rangle \times \langle \zeta_{q-1} \rangle \times (1 + \wp)$ (vgl. Satz 2.22). Die Untergruppen $R_f := \langle \pi^f \rangle \times \langle \zeta_{q-1} \rangle \times (1 + \wp)$ für $f \in \mathbb{N}$ sind die Normgruppen der unverzweigten Erweiterungen vom Grad f über K (siehe z.B. [31]). Eine abelsche Erweiterung L/K enthält genau dann die unverzweigte Erweiterung vom Grad f, wenn $\mathcal{N}(L/K) \leq R_f$ ist (vgl. Satz 2.25).

(4) $\tilde{T}$ ist gleich dem Kompositum von T und der unverzweigten Erweiterung vom Grad f über K und damit der gesuchte maximale zahm verzweigte Teilkörper des Zerfällungskörpers.

Kapitel 6

Galoisgruppen

In diesem Kapitel bestimmen wir, ausgehend von den Resultaten zum Zerfällungskörper in Kapitel 5, Galoisgruppen von Eisensteinpolynomen. Wichtig ist die Bemerkung, dass dafür nicht der komplette Zerfällungskörper ausgerechnet werden soll. Wir unterscheiden die Polynome nach der Anzahl der Segmente in ihrem Verzweigungspolygon. Je mehr Segmente es gibt, desto komplizierter ist die „Verzweigungsstruktur" der Galoisgruppe bzw. des Zerfällungskörpers (vgl. Abschnitt 4.3 und Abschnitt 4.4).

Bei einem Segment zeigen wir, wie man eine Beschreibung der Galoisgruppe als Untergruppe einer affin-linearen Gruppe bzw. als Gruppe von Permutationen eines $\mathbb{F}_p$-Vektorraums mit wenig Aufwand berechnen kann (Abschnitt 6.1). Das Ergebnis stellt eine Verallgemeinerung der Arbeit [36] von D. Romano dar.

Danach bauen wir auf dem Resultat für ein Segment auf und können die Galoisgruppe im Fall von zwei Segmenten als Gruppenerweiterung und letztendlich als endlich präsentierte Gruppe konstruieren (Abschnitte 6.2 und 6.3). Dafür ist schon deutlich mehr Rechenaufwand nötig.

6.1 Ein Segment im Verzweigungspolygon

Sei $f(x) \in K[x]$ ein Eisensteinpolynom vom Grad p^m, dessen Verzweigungspolygon aus genau einem Segment besteht. Ausgehend von den theoretischen Resultaten zum Zerfällungskörper von $f(x)$ in Abschnitt 5.1 können wir nun eine Beschreibung von $G = \mathrm{Gal}(f(x))$ herleiten, ohne den Zerfällungskörper zu berechnen.

Wir erinnern an die Notation aus Abschnitt 5.1:

Das Polygon $\mathcal{V}_{f(x)}$ habe die Steigung $-h/e$ mit $\mathrm{ggT}(h,e) = 1 = ae + bh$ für $a,b \in \mathbb{Z}$, das assoziierte Polynom $A(y) \in \underline{K}[y]$ und assoziierte Trägheit f_1 (vgl. Definition 4.5).

Der Zerfällungskörper N ist ein Körperturm $N/U/L/K$ mit $L = K(\alpha)$ für eine Nullstelle α von $f(x)$, U/L unverzweigt vom Grad $f = \mathrm{kgV}(f_1, [L(\zeta_e) : L])$ und $N = U(\sqrt[e]{-\varepsilon^b \alpha})$ für $\varepsilon \in \mathcal{O}_U^\times$ beliebig mit $A(-\underline{\varepsilon}) = 0$ (vgl. Satz 5.3).

Das folgende Lemma fasst zusammen, was wir schon über die Gruppe G wissen:

Lemma 6.1

a) G ist ein semidirektes Produkt $G_1 \rtimes H$, wobei G_1 die erste Verzweigungsgruppe von G und $H = \mathrm{Gal}(N/L)$ ist (siehe auch Abbildung 6.1).

b) Die Reihe der Verzweigungsgruppen von G hat die Form

$$G \geq G_0 \geq G_1 = G_2 = \ldots = G_h > G_{h+1} = \{\mathrm{id}\}$$

und es gilt $G_1 \cong C_p^m$.

c) Sei ζ eine $(q^f - 1)$-te Einheitswurzel in U. Wir können die zahme Erweiterung N/L wie in Satz 3.2 als $N = L(\zeta, \sqrt[e]{\zeta^r \alpha})$ für ein $0 \leq r < e$ mit $\zeta^r \equiv -\varepsilon^b \mod \alpha \mathcal{O}_U$ schreiben. Die Gruppe H wird von den Automorphismen

$$\sigma : \zeta \mapsto \zeta, \sqrt[e]{\zeta^r \alpha} \mapsto \zeta^\ell \sqrt[e]{\zeta^r \alpha} \quad \text{und} \quad \tau : \zeta \mapsto \zeta^q, \sqrt[e]{\zeta^r \alpha} \mapsto \zeta^k \sqrt[e]{\zeta^r \alpha}$$

mit $k = \frac{r(q-1)}{e}$ und $\ell = \frac{q^f - 1}{e}$ erzeugt.

Beweis: Sei T der maximale zahm verzweigte Teilkörper von N/K. Aus Verzweigungsgründen gilt $L \cap T = K$. Außerdem ist $LT = N$ und T/K galoissch nach Korollar 5.5. Daraus folgt die Aussage a) mit dem Hauptsatz der Galoistheorie (vgl. Abbildung 6.1). Behauptung b) wurde in Lemma 5.6 bewiesen.

Zu c): Weil U die e-ten Einheitswurzeln enthält, ist $\mathrm{ggT}(e, q^f - 1) = e$. Damit ist N/L nach Satz 3.2 konjugiert zu einer der Erweiterungen $L(\zeta, \sqrt[e]{\zeta^r \alpha})$ für $0 \leq r < e$. Der Parameter r ist nach Lemma 3.5 durch $\zeta^r \equiv -\varepsilon^b \mod \alpha \mathcal{O}_U$ bestimmt. Da N/L galoissch ist, kann man schließlich wie in Satz 3.2 c) die Automorphismen angeben. □

Wir kennen also die Struktur des Normalteilers G_1 von G als abelsche Gruppe und haben eine explizite Beschreibung eines Komplementes H zu G_1 durch erzeugende Automorphismen. Es fehlt noch die Operation von H auf G_1 im semidirekten Produkt $G = G_1 \rtimes H$.

Kapitel 6. Galoisgruppen

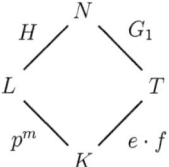

Abbildung 6.1: $\text{Gal}(f(x))$ als semidirektes Produkt $G_1 \rtimes H$

Für die in den Beispielen 4.1 und 5.1 betrachteten starken Eisensteinpolynome vom Grad p^m zeigt D. Romano in [36], dass die Galoisgruppe isomorph zu

$$\mathbb{F}_{p^m}^+ \rtimes (\mathbb{F}_{p^m}^\times \rtimes \text{Gal}(\mathbb{F}_{p^m}/\mathbb{F}_{p^m} \cap \underline{K}))$$

ist. Die Operationen der semidirekten Produkte sind die kanonischen Operationen.

In unserem allgemeineren Kontext werden wir die Gruppe $\mathbb{F}_{p^m}^\times \rtimes \text{Gal}(\mathbb{F}_{p^m}/\mathbb{F}_{p^m} \cap \underline{K})$, die unserer Gruppe H entspricht, in Form einer Matrixgruppe aus $\text{GL}(m,p)$ angeben. Insgesamt erhalten wir so die Gruppe G als Untergruppe der affinen Gruppe $\text{AGL}(m,p)$.

Für den Rest des Abschnitts sei π ein Primelement im Bewertungsring $\mathcal{O}_N$ des Zerfällungskörpers und $\wp = \pi\mathcal{O}_N$ das maximale Ideal. Die Galoisgruppe G operiert sowohl auf den Faktoren G_i/G_{i+1} (per Konjugation) als auch auf den Faktoren $\wp^i/\wp^{i+1}$ für $i \geq 1$. Diese beiden Operationen setzen wir nun in Beziehung.

Lemma 6.2
Die Abbildungen

$$\Theta_i : G_i/G_{i+1} \to (\wp^i/\wp^{i+1}, +) : \sigma G_{i+1} \mapsto \left(\frac{\sigma(\pi)}{\pi} - 1\right) + \wp^{i+1}$$

für $i \geq 1$ sind

a) *Monomorphismen,*

b) *unabhängig von der Wahl des Primelementes,*

c) *verträglich mit der Operation von G auf G_i/G_{i+1} bzw. $\wp^i/\wp^{i+1}$. Das heißt, es gilt*

$$\tau(\Theta_i(\sigma G_{i+1})) = \Theta_i(\sigma^\tau G_{i+1})$$

für alle $\sigma \in G_i$ und alle $\tau \in G$.

Beweis: a) Wir zeigen zunächst, dass

$$\Phi_i : G_i \to (\wp^i/\wp^{i+1}, +) : \sigma \mapsto \left(\frac{\sigma(\pi)}{\pi} - 1\right) + \wp^{i+1}$$

ein Homomorphismus ist. Dafür seien $\sigma_1, \sigma_2 \in G_i$ mit $\sigma_1(\pi) = \pi(1 + b_1)$ und $\sigma_2(\pi) = \pi(1 + b_2)$ für $b_1, b_2 \in \wp^i$ (vgl. Definition 2.11). Es gilt $\Phi_i(\sigma_1) + \Phi_i(\sigma_2) = (b_1 + b_2) + \wp^{i+1}$. Für $\Phi_i(\sigma_1\sigma_2)$ erhalten wir

$$\Phi_i(\sigma_1\sigma_2) = \left(\frac{\sigma_2(\sigma_1(\pi))}{\pi} - 1\right) + \wp^{i+1} = \left(\frac{\sigma_2(\pi(1+b_1))}{\pi} - 1\right) + \wp^{i+1}$$

$$= \left(\frac{\pi(1+b_2)(1+\sigma_2(b_1))}{\pi} - 1\right) + \wp^{i+1} = (\sigma_2(b_1) + b_2) + \wp^{i+1}.$$

Per Definition der Verzweigungsgruppen gilt $\nu_N(\sigma_2(b_1) - b_1) \geq i + 1$ und damit $\sigma_2(b_1) \equiv b_1$ mod $\wp^{i+1}$. Daraus folgt $\Phi_i(\sigma_1\sigma_2) = \Phi_i(\sigma_1) + \Phi_i(\sigma_2)$.

Die Injektivität von Θ_i sieht man jetzt leicht ein, denn G_{i+1} ist gerade der Kern von Φ_i.

b) Sei $\sigma \in G_i$ und $\pi' = \varepsilon\pi$ für ein $\varepsilon \in \mathcal{O}_N^\times$ ein weiteres Primelement von N. Es gelte $\sigma(\pi) = \pi(1+b)$ und $\sigma(\pi') = \pi'(1+b') = \varepsilon\pi(1+b')$ für $b, b' \in \wp^i$. Behauptung b) ist äquivalent zu $b' \equiv b$ mod $\wp^{i+1}$. Wir können das Bild von π' auch als $\sigma(\pi') = \sigma(\varepsilon\pi) = \sigma(\varepsilon)\pi(1+b)$ schreiben. Gleichsetzen ergibt, dass

$$\sigma(\varepsilon) - \varepsilon = \varepsilon b' - \sigma(\varepsilon)b$$

gelten muss. Wegen $\sigma(\varepsilon) \equiv \varepsilon$ mod $\wp^{i+1}$ (nach der definierenden Eigenschaft von $\sigma \in G_i$) folgt daraus, dass $b' \equiv b$ mod $\wp^{i+1}$ ist.

Zum Beweis von c) sei $\sigma \in G_i$ und $\tau \in G$. Es gelte $\sigma(\pi) = \pi(1+b), \tau(\pi) = \varepsilon\pi$ und $\tau^{-1}(\pi) = \eta\pi$ für $b \in \wp^i$ und Einheiten ε, η von $\mathcal{O}_N$ mit $\tau(\eta) \cdot \varepsilon = 1$. Dann ist $\tau(\Theta_i(\sigma G_{i+1})) = \tau(b) + \wp^{i+1}$. Zur Bestimmung von $\Theta_i(\sigma^\tau G_{i+1})$ berechnen wir

$$\frac{\tau(\sigma(\tau^{-1}(\pi)))}{\pi} - 1 = \frac{\tau(\sigma(\eta\pi))}{\pi} - 1 = \frac{\tau(\sigma(\eta)) \cdot \tau(\pi) \cdot (1 + \tau(b))}{\pi} - 1$$

$$= \frac{\tau(\sigma(\eta)) \cdot \varepsilon\pi \cdot (1 + \tau(b))}{\pi} - 1 = \tau(\sigma(\eta)) \cdot \varepsilon \cdot (1 + \tau(b)) - 1.$$

Mit der gleichen Begründung wie oben gilt $\sigma(\eta) \equiv \eta$ mod $\wp^{i+1}$ und damit $\tau(\sigma(\eta)) \cdot \varepsilon \equiv \tau(\eta) \cdot \varepsilon = 1$ mod $\wp^{i+1}$. Insgesamt folgt daraus

$$\Theta_i(\sigma^\tau G_{i+1}) = \left(\frac{\tau(\sigma(\tau^{-1}(\pi)))}{\pi} - 1\right) + \wp^{i+1} = \tau(b) + \wp^{i+1}$$

wie behauptet. $\square$

Kapitel 6. Galoisgruppen

Damit können wir jetzt die Galoisgruppe von $f(x)$ als Untergruppe der $\mathrm{AGL}(m,p)$ bzw. als Gruppe von Permutationen des Vektorraumes $(\mathbb{F}_p)^m$ angeben. Man beachte, dass in unserem Fall für die erste Verzweigungsgruppe $G_1 = G_h/G_{h+1}$ gilt (Lemma 6.1 b)), wir also den Homomorphismus Θ_h auf G_1 anwenden dürfen.

Satz 6.3
Sei $f(x) \in K[x]$ ein Eisensteinpolynom vom Grad p^m mit einsegmentigem Verzweigungspolygon der Steigung $-h/e$. Dann ist $\mathrm{Gal}(f(x))$ isomorph zur Gruppe

$$\tilde{G} = \{t_{a,v} : (\mathbb{F}_p)^m \to (\mathbb{F}_p)^m : x \mapsto xa + v \mid a \in H' \leq \mathrm{GL}(m,p),\ v \in (\mathbb{F}_p)^m\}$$

von Permutationen des Vektorraums $(\mathbb{F}_p)^m$. Es gilt $H' = \langle S, T \rangle$, wobei die Matrizen S, T die Operation der Automorphismen σ, τ aus Lemma 6.1 c) auf $\Theta_h(G_1) = \Theta_h(G_h/G_{h+1}) \leq (\wp^h/\wp^{h+1}, +)$ beschreiben (vgl. Lemma 6.2).

Beweis: $G = \mathrm{Gal}(f(x))$ ist nach Lemma 6.1 a) ein semidirektes Produkt $G_1 \rtimes H$, dabei ist G_1 die erste Verzweigungsgruppe und H die zahme von den Automorphismen σ, τ erzeugte Untergruppe. Die Gruppe $\tilde{G}$ ist ebenfalls ein semidirektes Produkt $\tilde{G}_1 \rtimes \tilde{H}$ mit $\tilde{G}_1 = \{s_v : x \mapsto x + v \mid v \in (\mathbb{F}_p)^m\}$ und $\tilde{H} = \{u_a : x \mapsto xa \mid a \in H'\}$. Die Operation von $\tilde{H}$ auf $\tilde{G}_1$ entspricht der Multiplikation eines Vektors mit einer Matrix: $s_v^{u_a} : x \mapsto (xa^{-1} + v)a = x + va$. Es gilt $G_1 \cong \Theta_h(G_1) \cong \tilde{G}_1$ nach Lemma 6.2 und $H \cong H' \cong \tilde{H}$ nach Konstruktion von H' bzw. $\tilde{H}$. (H operiert treu auf $\Theta_h(G_1) \cong C_p^m$ und bettet so in $\mathrm{GL}(m,p)$ ein.) Betrachten wir nun $\tilde{G}_1$ bzw. $\Theta_h(G_1)$ und G_1 als H-Moduln, dann sind die zerfallenden Erweiterungen G und $\tilde{G}$ genau dann isomorph, wenn Θ_h ein *Modul*isomorphismus ist (siehe z.B. [1], Kapitel XIII, Abschnitt 1). Genau diese Eigenschaft der Homomorphismen Θ_i wurde in Lemma 6.2 c) gezeigt. □

Für die Beschreibung der Galoisgruppe nach Satz 6.3 benötigen wir den Teilmodul $\Theta_h(G_1) \cong \mathbb{F}_{p^m}^+$ des H-Moduls $(\wp^h/\wp^{h+1}, +) \cong \mathbb{F}_{q^f}^+$, denn im Allgemeinen gilt natürlich $q^f \geq p^m$. Im folgenden Lemma zeigen wir, dass man $\Theta_h(G_1)$ leicht aus den Nullstellen des assoziierten Polynoms $A(y)$ berechnen kann. Dafür erinnern wir an die Darstellung $N = L(\zeta, \pi)$ mit $\pi = \sqrt[e]{\zeta^r \alpha}$ des Zerfällungskörpers (Lemma 6.1) und bezeichnen mit $d = \frac{p^m - 1}{e}$ den Grad von $A(y)$ (vgl. Definition 4.1).

Lemma 6.4
Seien $u_1, \ldots, u_d$ die Nullstellen von $A(y)$ in $\underline{N}$ und $a, b \in \mathbb{N}$ mit $ae - bp^m = 1$. Es gilt:

  a) *Für $1 \leq i \leq d$ existieren die e-ten Wurzeln aus $u_i/(\zeta^{rh})$ in $\underline{N}$; wir bezeichnen sie mit $u_{i,1}, \ldots, u_{i,e}$.*

Kapitel 6. Galoisgruppen

b) Die Bilder von G_1 unter Θ_h sind

$$\{\ 0 + \wp^{h+1},\ a\overline{u}_{i,j}\pi^h + \wp^{h+1} \mid 1 \leq i \leq d,\ 1 \leq j \leq e\ \}.$$

Dabei bezeichnet $\overline{u}_{i,j}$ einen Lift von $u_{i,j} \in \underline{N}$ nach $\mathcal{O}_N$.

Beweis: Die Nullstellen $-1 + \frac{\alpha_i}{\alpha}$ ($2 \leq i \leq p^m$) des Verzweigungspolynoms $g(x)$ haben N-Bewertung h und damit die Form $\gamma \pi^h$ für ein $\gamma \in \mathcal{O}_N^\times$. Daraus folgt mit Lemma 4.3 b), dass die Nullstellen von $A(y)$ von der Form

$$\left(\frac{(\gamma\pi^h)^e}{\alpha^h}\right) = \left(\frac{(\gamma\sqrt[e]{\zeta^r\alpha}^h)^e}{\alpha^h}\right) = \gamma^e \zeta^{rh}$$

sind. Das zeigt Behauptung a).

Der Homomorphismus Θ_h ist unabhängig von der Wahl des Primelements (Lemma 6.2 b)), darum können wir wie im Beweis von Lemma 4.9 auch das Primelement $\pi' = \alpha^a/\beta^b$ zur Untersuchung der Bilder benutzen. Die Zahlen $a, b \in \mathbb{N}$ erfüllen obige Bedingung und β ist ein Primelement des maximal zahm verzweigten Teilkörpers T von N. Ebenfalls wie bei Lemma 4.9 nutzen wir jetzt eine Darstellung der Nullstellen von $g(x)$ in $\overline{K}$: $\alpha_i/\alpha = 1 + \delta\alpha^{h/e}$ für ein $\delta \in \mathcal{O}_{\overline{K}}^\times$. Die Elemente δ und $\alpha^{h/e}$ müssen im Allgemeinen nicht in N liegen! Nach diesen Vorbereitungen gilt für $\sigma \in G_1$

$$\frac{\sigma(\pi')}{\pi'} - 1 = \frac{\alpha_i^a}{\beta^b}\frac{\beta^b}{\alpha^a} - 1 = \left(\frac{\alpha_i}{\alpha}\right)^a - 1 = a\delta\alpha^{h/e} + \ldots$$

wegen $p \nmid a$. Das Bild $\Theta_h(\sigma)$ ist also die Nebenklasse von $a\delta\alpha^{h/e} + \ldots$ in $\wp^h/\wp^{h+1}$. Um einen schöneren Repräsentanten (δ und $\alpha^{h/e}$ sind i.A. nicht in N) für diese Klasse zu finden, setzen wir die beiden verschiedenen Darstellungen der Nullstellen von $g(x)$ gleich:

$$\gamma\sqrt[e]{\zeta^r\alpha}^h = \delta\alpha^{h/e} \Leftrightarrow \delta = \gamma\sqrt[e]{\zeta^r}^h.$$

Daraus folgt

$$\frac{\sigma(\pi')}{\pi'} - 1 = a\gamma\sqrt[e]{\zeta^r}^h\sqrt[e]{\alpha}^h + \ldots = a\gamma\sqrt[e]{\zeta^r\alpha}^h + \ldots = a\gamma\pi^h + \ldots$$

mit $\gamma \in \mathcal{O}_N^\times$, also

$$\frac{\sigma(\pi')}{\pi'} - 1 \equiv a\gamma\pi^h \mod \wp^{h+1}.$$

Damit erhält man Behauptung b). Jede der $d = (p^m - 1)/e$ Nullstellen von $A(y)$ liefert uns e Elemente γ (e-te Wurzeln aus γ^e). Somit haben wir zusammen mit $0 + \wp^{h+1} = \Theta_h(\text{id})$ alle p^m Bilder von Θ_h beschrieben. □

Kapitel 6. Galoisgruppen   81

Jetzt können wir ein Verfahren zur Bestimmung der Galoisgruppe eines Eisensteinpolynoms mit einsegmentigem Verzweigungspolygon nach Satz 6.3 angeben. Der Algorithmus konstruiert nicht den Zerfällungskörper. Er bestimmt mit Algorithmus 4.2 das Polygon und das assoziierte Polynom, danach wird nur noch im endlichen Körper $\underline{N}$ gerechnet. Daher reichen die ersten Summanden der p-adischen Normalreihen der Koeffizienten von $f(x)$ sowie eine Darstellung der Primzahl p in $\mathcal{O}_K$ als Eingabedaten aus (vgl. Satz 4.13).

Algorithmus 6.1 (Galoisgruppe bei einem Segment)

Input:
Ein Eisensteinpolynom $f(x) \in K[x]$ vom Grad p^m mit einsegmentigem Polygon $\mathcal{V}_{f(x)}$.

Output:
Die Gruppe $\mathrm{Gal}(f(x))$ als Untergruppe der $\mathrm{AGL}(m,p)$ bzw. Gruppe von Permutationen des Vektorraums $(\mathbb{F}_p)^m$.

GaloisGruppeEinSegment$(f(x))$

    (1) berechne $\mathcal{V}_{f(x)}$ und das Polynom $A(y) \in \mathbb{F}_q[y]$ mit *VerzweigungspolygonPlus*$(f(x))$

    (2) berechne die Steigung $-h/e$ von $\mathcal{V}_{f(x)}$

    (3) bestimme die assoziierte Trägheit f_1 zu $\mathcal{V}_{f(x)}$ und setze $f := \mathrm{kgV}(f_1, [K(\zeta_e) : K])$

    (4) berechne $a, \tilde{a}, b, \tilde{b} \in \mathbb{N}$ mit $ae - \tilde{a}p^m = 1$ und $bh - \tilde{b}e = 1$

    (5) erzeuge $\mathbb{F}_{q^f}$ und fixiere einen Erzeuger ζ von $\mathbb{F}_{q^f}^{\times}$

    (6) berechne die Nullstellen $u_1, \ldots, u_d$ von $A(y)$ in $\mathbb{F}_{q^f}$

    (7) bestimme $r \in \{0, \ldots, e-1\}$ mit $r \equiv r' \bmod e$ für r' aus $\zeta^{r'} = -((-u_1)^b)$

    (8) initialisiere $M := \langle 1 \rangle \leq \mathbb{F}_{q^f}^{+}$ und $i := 1$

    wiederhole

        (9) berechne die e-ten Wurzeln $u_{i,1}, \ldots, u_{i,e}$ aus u_i/ζ^{rh}

        (10) erzeuge $M := \langle M, au_{i,1}, \ldots, au_{i,e} \rangle \leq \mathbb{F}_{q^f}^{+}$

        (11) setze $i := i + 1$

    bis $|M| = p^m$ ist

    (12) wähle eine $\mathbb{F}_p$-Basis $\mathcal{B} = \{b_1, \ldots, b_m\}$ von M

    (13) setze $\ell := (q^f - 1)/e$ und $k := r(q-1)/e$

    (14) bestimme den von $\zeta^i \mapsto \zeta^{\ell h + i}$ induzierten Automorphismus s von M

    (15) bestimme die Darstellungsmatrix $S \in \mathrm{GL}(m,p)$ von s zur Basis $\mathcal{B}$

(16) bestimme den von $\zeta^i \mapsto \zeta^{hk+qi}$ induzierten Automorphismus t von M

(17) bestimme die Darstellungsmatrix $T \in \mathrm{GL}(m,p)$ von t zur Basis $\mathcal{B}$

(18) **gib** $G = \{t_{a,v} : (\mathbb{F}_p)^m \to (\mathbb{F}_p)^m : x \mapsto xa + v \mid a \in \langle S, T \rangle,\ v \in (\mathbb{F}_p)^m\}$ **zurück**

Bemerkungen zum Algorithmus:

Algorithmus 6.1 rechnet zur Bestimmung der Operation der zahmen Untergruppe H auf G_1 in $\mathbb{F}_{q^f}^+ \cong (\wp^h/\wp^{h+1}, +)$. Es wird dabei implizit der Isomorphismus $\psi : \mathbb{F}_{q^f}^+ \to (\wp^h/\wp^{h+1}, +) : u \mapsto \overline{u}\pi^h + \wp^{h+1}$ benutzt (vgl. [29], Kapitel 1, Lemma 1.17).

(1) Siehe Algorithmus 4.2. Das assoziierte Polynom $A(y)$ ist eigentlich ein Polynom über $\underline{L}$, wobei $L = K(\alpha)$ für eine Nullstelle α von $f(x)$ ist. Es gilt aber $\underline{L} \cong \underline{K} \cong \mathbb{F}_q$.

(3) Vgl. Algorithmus 5.1, Schritt (4).

(4) Die Zahl b wird für Schritt (7) und a für Schritt (10) benötigt (vgl. Lemma 6.4).

(5) Die Gruppe $\mathbb{F}_{q^f}^\times$ ist zyklisch von der Ordnung $q^f - 1$. Die Standard-Methode zur Bestimmung eines Erzeugers ζ berechnet die Ordnung zufällig gewählter Elemente aus $\mathbb{F}_{q^f}$ bis ein Element maximaler Ordnung gefunden ist. Im Weiteren kann mit der $\mathbb{F}_p$-Basis $1, \zeta, \ldots, \zeta^{\nu_p(q)f-1}$ für $\mathbb{F}_{q^f}$ gerechnet werden. Dies erleichtert die Verifikation der Automorphismen in den Schritten (14) und (16).

(6) Die Nullstellen können z.B. durch eine Faktorisierung von $A(y)$ über $\mathbb{F}_{q^f}$ bestimmt werden. Nach Definition 4.5 zerfällt $A(y)$ über $\mathbb{F}_{q^f}$ in Linearfaktoren.

(7) Siehe Lemma 6.1 c). Die Zahl r kann wie in Algorithmus 3.1 ohne die Berechnung eines diskreten Logarithmus bestimmt werden.

(9) Die e-ten Wurzeln existieren nach Lemma 6.4 a). Sie können z.B. durch Faktorisieren der Polynome $x^e - u_i/\zeta^{rh} \in \mathbb{F}_{q^f}[x]$ berechnet werden.

(10) Aufgrund von Lemma 6.4 b) ist M bei jedem Schleifendurchlauf eine Untergruppe des H-Moduls $\Theta_h(G_1) \leq (\wp^h/\wp^{h+1}, +)$. (Wir identifizieren $(\wp^h/\wp^{h+1}, +)$ und $\mathbb{F}_{q^f}^+$ über den oben angegebenen Isomorphismus ψ.) Spätestens bei $i = d = \mathrm{Grad}(A(y))$ ist die Abbruchbedingung der Schleife erfüllt. Dann gilt $M = \Theta_h(G_1) \cong C_p^m$.

(13) Die Werte ℓ und k werden für die Operation der Automorphismen σ und τ mit $H = \langle \sigma, \tau \rangle$ auf M benötigt (vgl. Lemma 6.1 c)).

(14) Der (Gruppen-)Automorphismus s beschreibt die Operation des Körperautomorphismus σ auf M. Es gilt $\sigma((\overline{\zeta})^i \pi^h + \wp^{h+1}) = (\overline{\zeta})^{\ell h + i} \pi^h + \wp^{h+1}$ für $0 \le i \le q^f - 2$ nach Lemma 6.1 c).

(15) Die Bilder der Basiselemente sind durch die Bilder der Elemente ζ^i für $0 \le i \le q^f - 2$ eindeutig bestimmt.

(16) Der (Gruppen-)Automorphismus t beschreibt die Operation des Körperautomorphismus τ auf M. Es gilt $\tau((\overline{\zeta})^i \pi^h + \wp^{h+1}) = (\overline{\zeta})^{hk + qi} \pi^h + \wp^{h+1}$ für $0 \le i \le q^f - 2$ nach Lemma 6.1 c).

(18) Siehe Satz 6.3.

Für die Abschätzung der Laufzeit von Algorithmus 6.1 klammern wir die vom Zufall abhängige Suche eines Erzeugers der multiplikativen Gruppe $\mathbb{F}_{q^f}^\times$ in Schritt (5) aus. Es sei nur bemerkt, dass die Wahrscheinlichkeit einen Erzeuger zu treffen bei $\varphi(q^f - 1)/(q^f - 1)$ liegt, wobei φ die Eulersche φ-Funktion bezeichnet. Die Berechnung der Ordnung ist dann durch wiederholtes Quadrieren in $O(n \log q)$ Rechenschritten möglich (vgl. Algorithmus 3.1).

Satz 6.5

Unter der Voraussetzung, dass ein Erzeuger von $\mathbb{F}_{q^f}^\times$ bekannt ist, ist Algorithmus 6.1 zur Galoisgruppenberechnung bei einem Segment polynomiell im Grad n des Eingabepolynoms und $\log q$.

Beweis: Kritisch sind nur die Polynomfaktorisierungen in den Schritten (3), (6) und (9) sowie Schritt (7). Die ersten beiden Faktorisierungen zur Berechnung der assoziierten Trägheit und der Nullstellen des assoziierten Polynoms lassen sich wegen $d = \text{Grad}(A(y)) = (n-1)/e$ und $f < n$ (vgl. Korollar 5.4) durch $P(n, q^n) = \tilde{O}(n^{5/2} \log q)$ abschätzen (siehe Lemma 2.30). Gleiches gilt für die Faktorisierungen der Grad e Polynome in Schritt (9). Schließlich ist mit dem gleichen Trick wie bei Algorithmus 3.1 auch die Berechnung des diskreten Logarithmus „modulo e" in Schritt (7) in polynomieller Zeit möglich. □

Beispiel 6.1

Wir demonstrieren den Ablauf von Algorithmus 6.1 am Beispiel des Polynoms

$$f(x) = x^{81} + 3x^{80} + 3x^{70} + 3x^{60} + \ldots + 3x^{10} + 3 \in \mathbb{Q}_3[x].$$

Das Verzweigungspolygon $\mathcal{V}_{f(x)}$ besteht aus genau einen Segment, welches die Punkte $(0, 10)$ und $(80, 0)$ verbindet, hat also Steigung $-h/e = -1/8$. Als assoziiertes Polynom erhält man $A(y) = y^{10} + 2 \in \mathbb{F}_3[x]$ und eine Faktorisierung über $\mathbb{F}_3$ liefert $y^{10} + 2 = (y+1)(y+2)(y^4 + \ldots)(y^4 + \ldots)$. Die assoziierte Trägheit ist demnach gleich 4 und wegen $[\mathbb{Q}_3(\zeta_8) : \mathbb{Q}_3] = 2$ haben wir $f = 4$

und rechnen in $\mathbb{F}_{3^4}$. Sei ζ ein Erzeuger von $\mathbb{F}_{3^4}^\times$, also eine primitive $(3^4 - 1)$-te Einheitswurzel. Wir nehmen die 1 als Nullstelle u_1 von $A(y)$, wählen $b = 9$ in Schritt (4) und erhalten $r = 0$ in Schritt (7). Daraus folgt $\ell = 10$ und $k = 0$ in Schritt (13). In diesem Beispiel müssen wir keine e-ten Wurzeln berechnen, um M zu bestimmen. Denn wegen $\text{Grad}(f(x)) = 3^4$, gilt $M = \mathbb{F}_{3^4}^+$. Daher erhalten wir die Matrix $S \in \text{GL}(4,3)$ als Darstellungsmatrix des von $\zeta^i \mapsto \zeta^{10+i}$ induzierten Automorphismus von $\mathbb{F}_{3^4}^+$. Bezüglich der Basis $1, \zeta, \zeta^2, \zeta^3$ ist das

$$S = \begin{pmatrix} 1 & 0 & 2 & 2 \\ 2 & 1 & 0 & 1 \\ 1 & 2 & 1 & 1 \\ 1 & 1 & 2 & 2 \end{pmatrix}.$$

Analog ergibt sich die Matrix $T \in \text{GL}(4,3)$ über den von $\zeta^i \mapsto \zeta^{3i}$ induzierten Automorphismus:

$$T = \begin{pmatrix} 1 & 0 & 0 & 0 \\ 0 & 0 & 0 & 1 \\ 1 & 1 & 1 & 1 \\ 0 & 2 & 1 & 1 \end{pmatrix}.$$

$\text{Gal}(f(x))$ ist damit isomorph zur Gruppe

$$\begin{aligned} G &= \{t_{a,v} : (\mathbb{F}_3)^4 \to (\mathbb{F}_3)^4 : x \mapsto xa + v \mid a \in \langle S, T \rangle, \ v \in (\mathbb{F}_3)^4\} \\ &\cong C_3^4 \rtimes \langle S, T \rangle \end{aligned}$$

der Ordnung $3^4 \cdot 8 \cdot 4 = 2592$. Anschaulich haben wir ausgenutzt, dass der Zerfällungskörper von $f(x)$ nach Satz 5.3 von der Form $N = L(\xi, \sqrt[8]{\alpha})$ ist. Dabei bezeichnet ξ eine primitive $(3^4 - 1)$-te Einheitswurzel in N, $L/\mathbb{Q}_3$ die von $f(x)$ erzeugte Erweiterung und α eine Nullstelle von $f(x)$. Die Matrizen S und T entsprechen der Operation der Automorphismen

$$\sigma : \xi \mapsto \xi, \ \sqrt[8]{\alpha} \mapsto \xi^{10} \sqrt[8]{\alpha} \text{ und } \tau : \xi \mapsto \xi^3, \ \sqrt[8]{\alpha} \mapsto \sqrt[8]{\alpha}$$

von $\text{Gal}(N/L)$ auf $(\wp_N/\wp_N^2, +) \cong \mathbb{F}_{3^4}^+$. •

Für die spätere Anwendung bei der Galoisgruppenberechnung im zweisegmentigen Fall betrachten wir nun noch eine etwas allgemeinere Situation:

Sei α Nullstelle eines Eisensteinpolynoms $f(x)$ vom Grad p^m mit einsegmentigem Polygon $\mathcal{V}_{f(x)}$ und $L = K(\alpha)$. Weiter sei $T = K(\zeta, \sqrt[e]{\zeta^r \pi})$ für eine primitive $(q^f - 1)$-te Einheitswurzel ζ eine galoissche zahm verzweigte Erweiterung in ihrer Standard-Darstellung nach Satz 3.2 a). Als zusätzliche Bedingung setzen wir voraus, dass das Kompositum $N := LT = K(\alpha, \zeta, \sqrt[e]{\zeta^r \pi})$ ebenfalls galoissch über K ist.

Kapitel 6. Galoisgruppen

Wir verallgemeinern nun die von H. Hasse in [12], Kapitel 16 verwendete Methode zur Bestimmung von erzeugenden Automorphismen und einer endlichen Präsentation für die Galoisgruppe einer zahmen Erweiterung (vgl. Satz 3.2) auf die etwas kompliziertere Erweiterung N/K. Dabei geben wir die Automorphismen anhand ihrer Wirkung auf den drei Elementen α, ζ und $\sqrt[e]{\zeta^r \pi}$ an. In der endlichen Präsentation benutzen wir die Notation $[g_1, g_2] := g_1^{-1} g_2^{-1} g_1 g_2$ für den Kommutator zweier Gruppenelemente g_1, g_2.

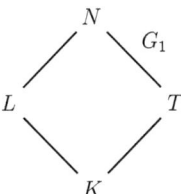

Abbildung 6.2: $\mathrm{Gal}(N/K)$ ist ein semidirektes Produkt $G_1 \rtimes \mathrm{Gal}(N/L)$

Für den folgenden Algorithmus brauchen wir noch einige weitere Vorbemerkungen:

Weil die Körper T und L aus Verzweigungsgründen trivialen Schnitt haben, ist $G = \mathrm{Gal}(N/K)$ ein semidirektes Produkt $\mathrm{Gal}(N/T) \rtimes \mathrm{Gal}(N/L)$, bei dem der Normalteiler $G_1 = \mathrm{Gal}(N/T)$ die erste Verzweigungsgruppe von G und die Untergruppe $\mathrm{Gal}(N/L)$ isomorph zur Faktorgruppe $\mathrm{Gal}(T/K)$ ist (vgl. Lemma 6.1 und Abbildung 6.2). Das Polygon $\mathcal{V}_{N/T}$ besteht aus einem Segment mit ganzzahliger Steigung nach Lemma 4.9, was genau einen Sprung in der Filtration der höheren Verzweigungsgruppen von G_1 impliziert (siehe Lemma 5.6). Sei $-h$ diese Steigung und $\wp$ das maximale Ideal von $\mathcal{O}_N$. Wir werden im Algorithmus den Monomorphismus Θ_h aus Lemma 6.2 nutzen, der G_1 in $(\wp^h / \wp^{h+1}, +)$ einbettet.

Algorithmus 6.2 (Galoisgruppe bei einem Segment mit Automorphismen)

Input:
Eine galoissche Erweiterung $N = K(\alpha, \zeta, \sqrt[e]{\zeta^r \pi})$ mit den oben beschriebenen Eigenschaften. Insbesondere ist α Nullstelle eines Eisensteinpolynoms $f(x) \in K[x]$ vom Grad p^m mit einsegmentigem Verzweigungspolygon und ζ ist $(q^f - 1)$-te Einheitswurzel.

Output:
Die Gruppe $\mathrm{Gal}(N/K)$ als endlich präsentierte Gruppe, sowie eine Liste von Automorphismen von N/K, die zu jedem Erzeuger der endlichen Präsentation einen Automorphismus enthält.

GaloisGruppeEinSegmentPlus$(N/K, f(x))$

(1) berechne die Nullstellen $\alpha = \alpha_1, \ldots, \alpha_{p^m}$ von $f(x)$ in N

(2) setze $k := \frac{r(q-1)}{e}$ und $\ell := \frac{q^f-1}{e}$ und erzeuge die Automorphismen

$$\sigma : \alpha_1 \mapsto \alpha_1, \zeta \mapsto \zeta, \sqrt[e]{\zeta^r \pi} \mapsto \zeta^\ell \sqrt[e]{\zeta^r \pi} \quad \text{und} \quad \tau : \alpha_1 \mapsto \alpha_1, \zeta \mapsto \zeta^q, \sqrt[e]{\zeta^r \pi} \mapsto \zeta^k \sqrt[e]{\zeta^r \pi}$$

von N/K

(3) erzeuge $G := \langle s, t \mid s^e = 1, t^f = s^r, s^t = s^q \rangle$ und initialisiere $\mathcal{A} := [\sigma, \tau]$

(4) wähle aus den Automorphismen

$$\sigma_i : \alpha_1 \mapsto \alpha_i, \zeta \mapsto \zeta, \sqrt[e]{\zeta^r \pi} \mapsto \sqrt[e]{\zeta^r \pi} \quad (2 \leq i \leq p^m)$$

m Erzeuger $\sigma_1, \ldots, \sigma_m$ von $G_1 = \text{Gal}(N/T)$ und füge sie zu $\mathcal{A}$ hinzu

(5) berechne die Erzeuger $\Theta_h(\sigma_1), \ldots, \Theta_h(\sigma_m)$ von $\Theta_h(G_1) \leq (\wp^h/\wp^{h+1}, +)$

(6) füge der Präsentation G die Erzeuger $a_1, \ldots, a_m$ und die Relationen $[a_i, a_j] = a_i^p = 1$ für $1 \leq i < j \leq m$ hinzu, identifiziere a_i mit $\Theta_h(\sigma_i)$ für $1 \leq i \leq m$

(7) bestimme für $1 \leq i \leq m$ die Worte s_i und t_i in $a_1, \ldots, a_m$, die $\sigma(\Theta_h(\sigma_i))$ bzw. $\tau(\Theta_h(\sigma_i))$ entsprechen

(8) füge die Relationen $a_i^s = s_i$ und $a_i^t = t_i$ für $1 \leq i \leq m$ zu G hinzu

(9) **gib** die Gruppe G und die Liste $\mathcal{A}$ **zurück**

Bemerkungen zum Algorithmus:

(1) Die Nullstellen können z.B. durch eine Faktorisierung in $N[x]$ bestimmt werden. Das Polynom $f(x)$ ist auch irreduzibel über T, es gilt also $N = T(\alpha_1)$ und die Elemente von $G_1 = \text{Gal}(N/T)$ sind durch $\alpha_1 \mapsto \alpha_i$ $(1 \leq i \leq p^m)$ bestimmt (vgl. Schritt (4)).

(2) Die Automorphismen σ, τ können in dieser Form angegeben werden, weil $\text{Gal}(N/K)$ ein semidirektes Produkt ist (siehe Vorbemerkungen). Sie sind (triviale) Fortsetzungen der entsprechenden Automorphismen der Teilerweiterung T/K (vgl. Satz 3.2 c)) und erzeugen die Untergruppe $\text{Gal}(N/L)$.

(3) Die endliche Präsentation G beschreibt diese Untergruppe bei Identifizierung von s, t mit σ, τ. Es gilt $\text{Gal}(N/L) \cong \text{Gal}(T/K) \cong G$.

(4) Es ist $G_1 \cong C_p^m$. Weil wir die Automorphismen von G_1 explizit gegeben haben lassen sich m linear unabhängige Elemente leicht ermitteln.

(5) Für die Berechnung von $\Theta_h(G_1)$ können wir ein beliebiges (Lemma 6.2 b)) Primelement π_N von N wählen. Es gilt dann $\Theta_h(\sigma_i) = (\sigma_i(\pi_N)/\pi_N - 1) + \wp^{h+1}$.

(6) Es ist $\langle a_1, \ldots, a_m \mid [a_i, a_j] = a_i^p = 1$ für $1 \leq i < j \leq m\rangle \cong G_1$.

(8) Jetzt ist $\langle a_1, \ldots, a_m \rangle$ Normalteiler in der neuen endlichen Präsentation G. Wegen Lemma 6.2 c) entspricht die in (7) festgelegte Operation von $\langle s, t\rangle$ auf diesem Normalteiler der Operation von $\mathrm{Gal}(N/L)$ auf G_1 (vgl. auch Satz 6.3).

Die von Algorithmus 6.2 ermittelte endlich präsentierte Gruppe ist von der Form

$$\langle s, t, a_1, \ldots, a_m \mid$$
$$s^e = 1, t^f = s^r, s^t = s^q, [a_i, a_j] = a_i^p = 1, a_i^s = s_i, a_i^t = t_i \text{ für } 1 \leq i < j \leq m\rangle.$$

Wir merken an, dass diese Gruppe ohne die zugehörigen Automorphismen wie in Algorithmus 6.1 mit deutlich weniger Aufwand bestimmt werden kann. Für die Anwendung in den nächsten Abschnitten sind aber gerade explizite Automorphismen zu jedem Erzeuger wichtig.

6.2 Ein Überblick: Galoisgruppen als Gruppenerweiterungen

Für die Beschreibung und Konstruktion von Galoisgruppen als Gruppenerweiterungen im nächsten Abschnitt stellen wir hier die nötige Theorie zusammen. Ein ähnlicher Ansatz wurde schon von I. Shavarevich in [37] verfolgt.

Für eine abelsche Gruppe A und eine Gruppe H sowie Homomorphismen μ und κ heißt eine exakte Sequenz

$$1 \to A \xrightarrow{\mu} G \xrightarrow{\kappa} H \to 1$$

Erweiterung von A mit H. Man spricht auch bei der Gruppe G von einer Erweiterung von A mit H. Dabei identifiziert man den Normalteiler $\mu(A)$ von G mit A und die Faktorgruppe $G/\mu(A)$ mit H. Wir benutzen im Folgenden die Schreibweisen $\hookrightarrow$ für einen Monomorphismus und $\twoheadrightarrow$ für einen Epimorphismus und sparen uns meist die Bezeichnungen μ und κ. Unsere Gruppenerweiterung hat damit die Form

$$A \hookrightarrow G \twoheadrightarrow H.$$

Zu jeder Gruppenerweiterung gehört eine natürliche Operation von H auf A, die der Operation der Faktorgruppe $G/\mu(A)$ auf dem Normalteiler $\mu(A)$ per Konjugation entspricht. Sie lässt sich durch einen Homomorphismus $\varphi : H \to \mathrm{Aut}(A)$ beschreiben. Über φ wird die Gruppe A zu einem H-Modul.

Definition 6.6

Zwei Gruppenerweiterungen $A \hookrightarrow G \twoheadrightarrow H$ und $A \hookrightarrow \tilde{G} \twoheadrightarrow H$ heißen *äquivalent*, wenn es einen Homomorphismus β gibt, so dass das Diagramm

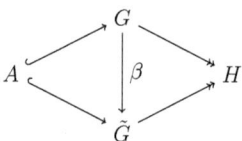

kommutiert. Die Abbildung β ist dann ein Isomorphismus und beide Erweiterungen induzieren die gleiche H-Modul Struktur auf A.

Den folgenden Satz und eine ausführliche Behandlung der Erweiterungstheorie von Gruppen findet man z.B. in [35], Kapitel 11.

Satz 6.7

Sei H eine Gruppe und A ein H-Modul. Dann gibt es eine Bijektion zwischen der Menge der Äquivalenzklassen von Erweiterungen von A mit H zur vorgegebenen Modulstruktur und der zweiten Kohomologiegruppe $\mathrm{H}^2(H, A) = \mathrm{Z}^2(H, A)/\mathrm{B}^2(H, A)$.

Die Elemente der Gruppe $\mathrm{Z}^2(H, A)$ sind Abbildungen $\gamma : H \times H \to A$ und heißen *Kozykel*. Sie legen die Multiplikation von Elementen der Faktorgruppe H in G fest. Wählt man zu jedem $h \in H$ einen festen Repräsentanten $\overline{h} \in G$ der zu h korrespondierenden Nebenklasse, so gilt

$$\overline{h_1} \cdot \overline{h_2} = \gamma(h_1, h_2) \cdot \overline{h_1 h_2}.$$

Eine wichtige Abbildung zwischen Kohomologiegruppen ist die sogenannte *Inflation*:

Definition 6.8

Sei A ein H-Modul und N ein Normalteiler der Gruppe H. Dann ist die Untergruppe der N-invarianten Elemente von A (wir bezeichnen sie mit A^N) ein H/N-Modul. Der natürliche Epimorphismus $H \twoheadrightarrow H/N$ und die Injektion $A^N \hookrightarrow A$ induzieren einen Homomorphismus

$$\inf : \mathrm{H}^2(H/N, A^N) \to \mathrm{H}^2(H, A),$$

der *Inflation* genannt wird (vgl. [28], Kapitel I, §5).

Wir untersuchen nun die folgende Situation:
Es sei F/K eine galoissche Erweiterung p-adischer Körper. Die Gruppe $H = \mathrm{Gal}(F/K)$ sei in

Kapitel 6. Galoisgruppen

Form von erzeugenden Automorphismen bekannt. Weiter sei M/F eine abelsche Erweiterung, gegeben über ihre Normgruppe $\mathcal{N}(M/F)$ in der multiplikativen Gruppe $F^\times$ (vgl. Abschnitt 2.4). Was ist die Galoisgruppe von M/K?

Nach Satz 2.21 ist der normale Abschluss N von M/K abelsch über F. Sei $R = \mathcal{N}(N/F)$ die entsprechende Normgruppe. Die Gruppe $G = \mathrm{Gal}(M/K)$ ist jetzt als Gruppenerweiterung

$$F^\times/R \hookrightarrow G \twoheadrightarrow H$$

darstellbar. Zur Bestimmung der Erweiterung G bis auf Äquivalenz (Definition 6.6) benötigt man die folgenden Daten:

- Die Gruppe $R \leq F^\times$.

- Die Operation von H auf $F^\times/R$ in Form eines Homomorphismus

$$\varphi : H \to \mathrm{Aut}(F^\times/R).$$

- Die korrekte Nebenklasse von Kozykeln in der Gruppe $\mathrm{H}^2(H, F^\times/R)$ (vgl. Satz 6.7).

Direkt mit Lemma 5.12 erhalten wir, dass man R als

$$\bigcap_{\sigma \in H} \sigma(\mathcal{N}(M/F))$$

berechnen kann. Diese Gruppe ist invariant unter allen Automorphismen von H. Allgemeiner gilt, dass die Invarianz der Normgruppe $\mathcal{N}(M/F)$ unter den Automorphismen von F/K äquivalent zur Eigenschaft „galoissch" von M/K ist.

Für die Bestimmung der Operation φ ist die folgende Eigenschaft der Normrestabbildung $\rho_F : F^\times \to \mathrm{Gal}(F^{\mathrm{ab}}/F)$ (vgl. Abschnitt 2.4) entscheidend, die wir schon im Beweis von Lemma 5.12 benutzt haben. Es gilt

$$\rho_F(\sigma(x)) = \tilde{\sigma}^{-1} \cdot \rho_F(x) \cdot \tilde{\sigma} = \rho_F(x)^{\tilde{\sigma}} \tag{6.1}$$

für alle $x \in F^\times$ und alle Automorphismen σ von F, wobei $\tilde{\sigma}$ eine beliebige Fortsetzung von σ auf F^{ab} bezeichnet.

Jetzt können wir φ beschreiben bzw. berechnen, wenn wir die Normrestabbildung modulo R bzw. $\rho_F(R) = \mathrm{Gal}(F^{\mathrm{ab}}/N)$ betrachten:

$$\rho_{N/F} : F^\times/R \to \mathrm{Gal}(N/F),$$

und so $F^\times/R$ und $\mathrm{Gal}(N/F)$ identifizieren. Nach Gleichung (6.1) und wegen der Invarianz von R entspricht die natürliche Operation von $\sigma \in H$ auf $F^\times/R$ der Konjugation mit σ in $\mathrm{Gal}(M/F)$ und wir haben

$$\varphi : H \to \mathrm{Aut}(F^\times/R) : \sigma \mapsto (\ x \cdot R \mapsto \sigma(x) \cdot R\ )$$

als Beschreibung von φ.

Zur Bestimmung der korrekten Klasse in $\mathrm{H}^2(H, F^\times/R)$ werden wir tiefliegende Resultate aus der Klassenkörpertheorie und der Galois-Kohomologietheorie benutzen. Für eine Übersicht zur Galois-Kohomologietheorie sei auf das Buch [28] verwiesen.

Für die folgenden Sätze betrachten wir auch die komplette Gruppe $F^\times$ als $\mathrm{Gal}(F/K)$-Modul. Die Aussagen gelten allgemein für galoissche Erweiterungen lokaler oder globaler Körper, sollen hier aber nur für den Spezialfall von p-adischen Körpern betrachtet werden.

Satz 6.9
Sei F/K eine endliche galoissche Erweiterung p-adischer Körper mit Galoisgruppe H. Dann ist die Gruppe $\mathrm{H}^2(H, F^\times)$ zyklisch von der Ordnung $|H|$. Sie hat einen kanonischen Erzeuger $c_{F/K}$, der kanonische Klasse genannt wird.

Beweis: Siehe [21], Kapitel 2, §4. □

Die kanonische Klasse legt die Äquivalenzklasse unserer Gruppenerweiterung fest:

Satz 6.10 (Shavarevich-Weil)
Sei F/K eine galoissche und N/F eine abelsche Erweiterung p-adischer Körper, so dass N/K ebenfalls galoissch ist. Weiter sei $R \leq F^\times$ die Normgruppe von N über F und $H = \mathrm{Gal}(F/K)$. Dann ist das Bild von $c_{F/K}$ unter der Abbildung $\mathrm{H}^2(H, F^\times) \to \mathrm{H}^2(H, F^\times/R)$ die Klasse der Gruppenerweiterung

$$F^\times/R \hookrightarrow \mathrm{Gal}(N/K) \twoheadrightarrow H.$$

Beweis: Siehe [1], Kapitel 15. □

Wir geben nun noch einen kurzen Überblick über den Standard-Ansatz zur Berechnung der kanonischen Klasse, der z.B. in [3] beschrieben wird. Im nächsten Abschnitt wird dieses Verfahren dann bei der Berechnung der Galoisgruppe eines Eisensteinpolynoms mit zwei Segmenten angewandt. Dort werden die einzelnen Rechenschritte deutlich expliziter angegeben.

Die Idee ist, das Kompositum FV mit der unverzweigten Erweiterung V/K vom Grad $[F:K]$ zu konstruieren und die Tatsache auszunutzen, dass man die kanonische Klasse für unverzweigte Erweiterungen leicht angeben kann (siehe z.B. §30 und §31 in [25]). Abbildung 6.3 zeigt das entsprechende Körperdiagramm.

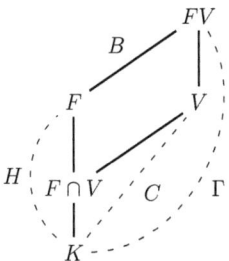

Abbildung 6.3: Körperdiagramm zur kanonischen Klasse I

Sei $\wp$ das maximale Ideal in $\mathcal{O}_F$. Wir bezeichnen mit $U_F^{(d)} := 1 + \wp^d$ für $d = 1, 2, \ldots$ die Einseinheiten d-ter Stufe von F und setzen $U_F^{(0)} := \mathcal{O}_F^{\times}$. Es gilt $F^{\times}/U_F^{(d)} \cong \pi_F^{\mathbb{Z}} \times (\underline{F})^{\times} \times U_F^{(1)}/U_F^{(d)}$ (vgl. Satz 2.22) und wegen $\sigma(U_F^{(d)}) = U_F^{(d)}$ für alle $\sigma \in H$ induziert die natürliche Operation auf $F^{\times}$ auch eine H-Modul-Struktur für $F^{\times}/U_F^{(d)}$.

Im nächsten Lemma und im darauf folgenden Rechenverfahren werden die Bezeichnungen $\Gamma = \mathrm{Gal}(FV/K)$, $B = \mathrm{Gal}(FV/F)$ und $C = \mathrm{Gal}(V/K)$ verwendet (vgl. Abbildung 6.3).

Lemma 6.11
Für alle $d \geq 1$ induziert die Inklusion $F^{\times} \subseteq (FV)^{\times}$ einen H-Modulisomorphismus

$$F^{\times}/U_F^{(d)} \cong \left((FV)^{\times}/U_{FV}^{(d)}\right)^B$$

und der Homomorphismus

$$\inf : \mathrm{H}^2\left(H, F^{\times}/U_F^{(d)}\right) \to \mathrm{H}^2\left(\Gamma, (FV)^{\times}/U_{FV}^{(d)}\right)$$

aus Definition 6.8 ist injektiv.

Beweis: Siehe [3]. □

Der Algorithmus aus [3] bestimmt das Bild der kanonischen Klasse unter dem Homomorphismus $\mathrm{H}^2(H, F^{\times}) \to \mathrm{H}^2(H, F^{\times}/U_F^{(d)})$ für gegebenes $d \geq 1$ und beruht auf dem kommutativen Diagramm in Abbildung 6.4. Darin stimmen das Bild der kanonischen Klasse in $\mathrm{H}^2(C, V^{\times})$

unter $\inf_1$ und das Bild der kanonischen Klasse in $\mathrm{H}^2(H, F^\times)$ unter $\inf_2$ überein. Außerdem ist $\inf_3$ nach Lemma 6.11 injektiv.

Man benötigt drei Rechenschritte (genauere Erläuterungen folgen in Abschnitt 6.3):

(1) Bestimme die kanonische Klasse von V/K in $\mathrm{H}^2(C, V^\times)$.

(2) Berechne ihr Bild unter dem zusammengesetzten Homomorphismus

$$\mathrm{H}^2(C, V^\times) \xrightarrow{\inf_1} \mathrm{H}^2(\Gamma, (FV)^\times) \to \mathrm{H}^2\left(\Gamma, (FV)^\times / U_{FV}^{(d)}\right).$$

(3) Bestimme davon das Urbild unter der Abbildung

$$\inf_3 : \mathrm{H}^2\left(H, F^\times / U_F^{(d)}\right) \to \mathrm{H}^2\left(\Gamma, (FV)^\times / U_{FV}^{(d)}\right).$$

Das Urbild existiert wegen der Kommutativität in Abbildung 6.4 und ist eindeutig aufgrund der Injektivität von $\inf_3$ nach Lemma 6.11.

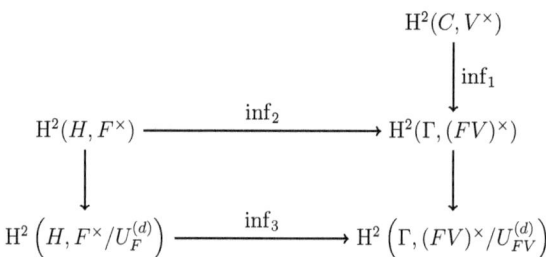

Abbildung 6.4: Kommutatives Diagramm zur kanonischen Klasse

6.3 Ein Algorithmus für zwei Segmente

Sei $f(x) \in K[x]$ ein Eisensteinpolynom vom Grad $n = e_0 p^m$ mit $p \nmid e_0$, dessen Verzweigungspolygon aus genau zwei Segmenten besteht. Das Ziel dieses Abschnitts ist ein Algorithmus, der $\mathrm{Gal}(f(x))$ als endlich präsentierte Gruppe berechnet. Dafür beschreiben wir zunächst einige Unterfunktionen, die dann am Ende zum Algorithmus zusammengefügt werden.

Wir müssen zwei verschiedene Fälle unterscheiden. Die entsprechenden Polygone sind in Abbildung 6.5 und die zugehörigen Körpertürme in Abbildung 6.6 dargestellt.

Kapitel 6. Galoisgruppen

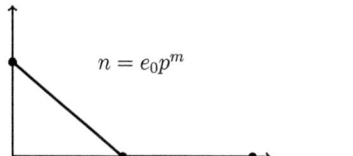
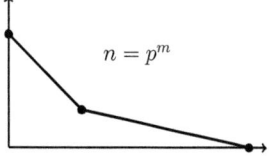

Abbildung 6.5: Zwei Möglichkeiten bei zwei Segmenten

Wenn $e_0 \neq 1$ ist, dann hat das zweite Segment von $\mathcal{V}_{f(x)}$ Steigung 0, liegt also flach auf der x-Achse. Der Körperturm zum Polygon (vgl. Abschnitt 4.4) besteht dann aus einer wild verzweigten Erweiterung L/L_1 vom Grad p^m über der zahmen Teilerweiterung L_1/K vom Grad e_0. Der zahme Teilkörper T des Zerfällungskörpers aus Satz 5.8 enthält L_1, daher berechnet uns p-ReduktionPlus$(f(x))$ (Algorithmus 5.2) den Körperturm $LT/T/K$, in dem LT/T elementar-abelsch und T/K galoissch ist (Satz 5.8). In diesem Fall betrachten wir nach Abschnitt 6.2 die Gruppe $G = \text{Gal}(f(x))$ als Gruppenerweiterung

$$T^\times/R \hookrightarrow G \twoheadrightarrow \text{Gal}(T/K),$$

wobei $R = \mathcal{N}(N/T)$ und N der normale Abschluss von LT über K ist.

Wenn e_0 dagegen gleich 1, also $n = p^m$ ist, haben wir zwei Segmente mit negativen Steigungen. Der Körperturm zu $\mathcal{V}_{f(x)}$ besteht aus zwei wild verzweigten Erweiterungen und p-ReduktionPlus$(f(x))$ berechnet den Körperturm $LT/L_1T/K$, in dem LT/L_1T und L_1T/T elementar-abelsch sind und L_1T/K galoissch ist. Dies ist der interessantere Fall. Hier wollen wir G als Erweiterung

$$(L_1T)^\times/R \hookrightarrow G \twoheadrightarrow \text{Gal}(L_1T/K)$$

bestimmen, wobei $R = \mathcal{N}(N/L_1T)$ und N der normale Abschluss von LT über K ist.

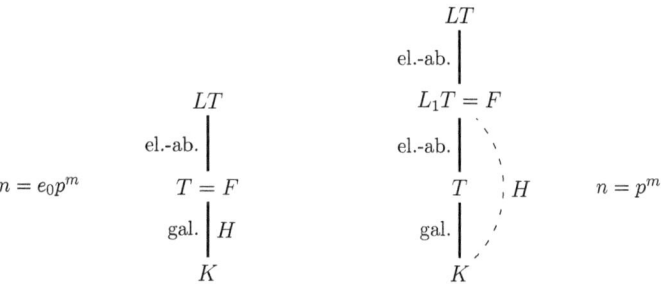

Abbildung 6.6: Körpertürme bei zwei Segmenten

Kapitel 6. Galoisgruppen

Wir notieren die folgende Funktion zur Berechnung der relevanten Körpertürme, in der auch eine einheitliche Notation für beide Fälle geschaffen wird. Die unverzweigte Erweiterung V/K brauchen wir später zur Berechnung der kanonischen Klasse (vgl. Abschnitt 6.2).

Körpertürme$(f(x))$

wenn $e_0 \neq 1$ ist

berechne mit *p-ReduktionPlus*$(f(x))$ den Körperturm $LT/T/K$

setze $F := T$

wenn $e_0 = 1$ ist

berechne mit *p-ReduktionPlus*$(f(x))$ den Körperturm $LT/L_1T/T/K$

setze $F := L_1T$

konstruiere die unverzweigte Erweiterung V/K vom Grad $[F:K]$ und das Kompositum FV

gib $LT/F/K$ und FV/K **zurück**

Jetzt wollen wir für $\mathrm{Gal}(FV/K)$ eine endliche Präsentation bestimmen und die Gruppen $\mathrm{Gal}(F/K)$ sowie $\mathrm{Gal}(V/K)$ als Faktorgruppen dieser endlich präsentierten Gruppe darstellen. Wir beschreiben das Verfahren für den Fall $e_0 = 1$. Der andere Fall funktioniert analog. Sei $u = [F:K]$ und $g(x)$ das Eisensteinpolynom für die Erweiterung L_1/K mit $\mathrm{Grad}(g(x)) = p^w$. Es gilt $w < m$, genauer gesagt ist w durch die Position des „Knickes" im Polygon bestimmt (vgl. Abbildung 6.5).

Das Kompositum FV ist galoissch über K und lässt sich wie in den Erläuterungen vor Algorithmus 6.2 als $FV = K(\alpha, \zeta, \sqrt[e]{\zeta^r \pi})$ schreiben, wobei α Nullstelle von $g(x)$ und ζ eine $(q^u - 1)$-te Einheitswurzel ist. Die Paramter e und r sind durch die Standard-Darstellung der zahmen Erweiterung T/K bestimmt (vgl. Satz 3.2).

Mit Algorithmus 6.2 können wir nun eine endliche Präsentation von $\mathrm{Gal}(FV/K)$ inklusive Automorphismen zu den einzelnen Erzeugern berechnen. Die Gruppe ist isomorph zu

$$\Gamma := \langle s, t, a_1, \ldots, a_w \mid$$
$$s^e = 1, t^u = s^r, s^t = s^q, [a_i, a_j] = a_i^p = 1, a_i^s = s_i, a_i^t = t_i \text{ für } 1 \leq i < j \leq w \rangle.$$

Zu s und t korrespondieren die Automorphismen

$$\sigma : \alpha \mapsto \alpha, \zeta \mapsto \zeta, \sqrt[e]{\zeta^r \pi} \mapsto \zeta^\ell \sqrt[e]{\zeta^r \pi} \text{ und } \tau : \alpha \mapsto \alpha, \zeta \mapsto \zeta^q, \sqrt[e]{\zeta^r \pi} \mapsto \zeta^k \sqrt[e]{\zeta^r \pi},$$

Kapitel 6. Galoisgruppen

wobei ℓ und k die übliche Bedeutung haben (vgl. Abschnitt 3.2).

Sei f der Trägheitsgrad von T/K. Mit $v = \frac{q^u-1}{q^f-1}$ und $r' = \frac{r}{v}$ lässt sich der Körper F als Teilkörper von FV wie folgt darstellen:

$$F = K(\alpha, \zeta^v, \sqrt[e]{\zeta^{vr'}\pi}).$$

Der Parameter r ist durch v teilbar, weil $\sqrt[e]{\zeta^r\pi}$ in T liegt und darum ζ^r Potenz einer primitiven $(q^f - 1)$-ten Einheitswurzel sein muss (vgl. erneut Satz 3.2).

Lemma 6.12
Die Gruppe $\mathrm{Gal}(FV/F)$ *wird als Untergruppe von* $\mathrm{Gal}(FV/K)$ *vom Element*

$$\tau^f \cdot \sigma^{e-r'}$$

erzeugt.

Beweis: Durch f- bzw. r'-maliges Hintereinanderausführen und einige Umformungen erhält man

$$\tau^f : \alpha \mapsto \alpha, \zeta \mapsto \zeta^{q^f}, \sqrt[e]{\zeta^r\pi} \mapsto \zeta^{r'\frac{q^u-1}{e}} \sqrt[e]{\zeta^r\pi}$$

und

$$\sigma^{r'} : \alpha \mapsto \alpha, \zeta \mapsto \zeta, \sqrt[e]{\zeta^r\pi} \mapsto \zeta^{r'\frac{q^u-1}{e}} \sqrt[e]{\zeta^r\pi}.$$

Daraus ergibt sich für $\tau^f \sigma^{e-r'} = \tau^f (\sigma^{r'})^{-1}$ die Beschreibung

$$\tau^f \sigma^{e-r'} : \alpha \mapsto \alpha, \zeta \mapsto \zeta^{q^f}, \sqrt[e]{\zeta^r\pi} \mapsto \sqrt[e]{\zeta^r\pi}.$$

Es folgt, dass $\tau^f \sigma^{e-r'}$ die Elemente α, $\sqrt[e]{\zeta^{vr'}\pi} = \sqrt[e]{\zeta^r\pi}$ und auch die $(q^f - 1)$-te Einheitswurzel ζ^v fixiert, also in $\mathrm{Gal}(FV/F)$ liegt. Außerdem hat $\tau^f \sigma^{e-r'}$ Ordnung $u/f = [FV : F]$ und erzeugt somit die ganze Gruppe. □

Mit Hilfe des Lemmas gelangen wir jetzt leicht von der endlichen Präsentation Γ für $\mathrm{Gal}(FV/K)$ zu einer endlichen Präsentation H für deren Faktorgruppe $\mathrm{Gal}(F/K)$, die uns eigentlich interessiert:

$$H := \Gamma / \langle t^f s^{e-r'} \rangle.$$

Analog erhalten wir eine Gruppe C für die unverzweigte Teilerweiterung V/K:

$$C := \Gamma / \langle s, a_1, \ldots, a_w \rangle.$$

Für die Gruppe H brauchen wir für die nächsten Schritte wieder explizite Automorphismen zu den Erzeugern. Diese bekommen wir durch Einschränkung der entsprechenden Automorphismen von FV/K auf F nach dem Hauptsatz der Galoistheorie.

Im Fall $e_0 \neq 1$ können wir eine Beschreibung der zahmen Gruppe $\text{Gal}(F/K)$ wie in Satz 3.2 bestimmen. Dabei gibt es nur die zwei erzeugenden Automorphismen σ und τ und man erhält genau die gleiche Aussage wie in Lemma 6.12.

Wir fassen zusammen:

$GruppenPlusAutomorphismen(FV/K)$

> **wenn** F/K zahm verzweigt ist
>
>> bestimme die endlich präsentierte Gruppe Γ für $\text{Gal}(FV/K)$ und die zugehörigen Automorphismen $\mathcal{A}_\Gamma := [\sigma, \tau]$ wie in Satz 3.2
>> setze $C := \Gamma/\langle s \rangle$ ($\cong \text{Gal}(V/K)$)
>
> **sonst**
>
>> $\Gamma, \mathcal{A}_\Gamma := GaloisGruppeEinSegmentPlus(FV/K, g(x))$
>> setze $C := \Gamma/\langle s, a_1, \ldots, a_w \rangle$ ($\cong \text{Gal}(V/K)$)
>
> setze $H := \Gamma/\langle t^f s^{e-r'} \rangle$ ($\cong \text{Gal}(F/K)$)
>
> schränke die Automorphismen in $\mathcal{A}_\Gamma$ auf F ein und speichere sie in $\mathcal{A}_H$
>
> **gib** $\Gamma, \mathcal{A}_\Gamma, H, \mathcal{A}_H$ und C **zurück**

Nachdem wir nun die Faktorgruppe für unsere Gruppenerweiterung und deren Operation im Griff haben, müssen wir uns um die Berechnung der korrekten Klasse von Kozykeln kümmern. Dafür wollen wir die kanonische Klasse (vgl. Satz 6.9 und Satz 6.10) mit dem Ansatz aus Abschnitt 6.2 bestimmen. Alle relevanten Körper und die zugehörigen Galoisgruppen sind noch einmal in Abbildung 6.7 dargestellt.

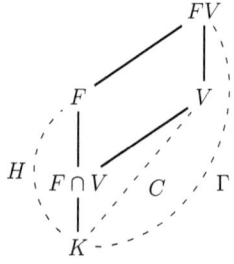

Abbildung 6.7: Körperdiagramm zur kanonischen Klasse II

Methoden zur Berechnung der endlich erzeugten abelschen Gruppe $F^\times / U_F^{(d)}$ für $d \geq 1$ (siehe [14] und [31]) sind im Computer-Algebra-System MAGMA [5] implementiert. Wir müssen

Kapitel 6. Galoisgruppen   97

uns jetzt überlegen, welches d für unsere Zwecke ausreicht. Weil wir die elementar-abelsche Erweiterung N/F per Klassenkörpertheorie in $F^\times$ identifizieren wollen, genügt das kleinste d mit $\mathcal{N}(N/F) \geq U_F^{(d)}$. Eine etwas gröbere Abschätzung für d erhalten wir, wenn wir die Bedingung $\mathcal{N}(N/F) \geq (F^\times)^p \geq U_F^{(d)}$ benutzen, also alle elementar-abelschen Erweiterungen von F berücksichtigen. Das nächste Lemma gibt ein geeignetes d an. Es folgt aus der „p-Potenzierungsregel" für Einseinheiten (siehe z.B. [12], Kapitel 15).

Lemma 6.13
Für $d := \lfloor \frac{p \cdot e_F}{p-1} \rfloor + 1$ gilt $F^\times \geq (F^\times)^p \geq U_F^{(d)}$.

Beweis: Nach [7], Kapitel I, Abschnitt 5 gilt $\left(U_F^{(1)}\right)^p \geq U_F^{(i)}$ für jedes $i > \frac{p \cdot e_F}{p-1}$. □

In der nächsten Unterfunktion bestimmen wir die relevanten Kohomologiegruppen. Wir benutzen die in MAGMA [5] vorhandenen Verfahren zur Berechnung von Gruppen des Typs $\mathrm{H}^i(G, A)$ für eine Gruppe G, eine endlich erzeugte abelsche Gruppe A und $i \in \{0, 1, 2\}$. Es muss zunächst die Gruppe A mittels der Operation von G auf A zu einem G-Modul gemacht werden. Alle dafür nötigen Informationen haben wir in *GruppenPlusAutomorphismen(FV/K)* ermittelt.

Für eine Übersicht über die Methoden zur Kohomologieberechnung verweisen wir auf die Zusammenfassung [15].

 KohomologieGruppen$(\Gamma, \mathcal{A}_\Gamma, H, \mathcal{A}_H, FV, F)$

  setze $d := \lfloor \frac{p \cdot e_F}{p-1} \rfloor + 1$

  berechne $(FV)^\times / U_{FV}^{(d)}$ und mache daraus einen Γ-Modul über die Operation der Automorphismen aus $\mathcal{A}_\Gamma$ auf FV

  berechne $F^\times / U_F^{(d)}$ und mache daraus einen H-Modul über die Operation der Automorphismen aus $\mathcal{A}_H$ auf F

  berechne die Gruppen $\mathrm{H}^2\left(\Gamma, (FV)^\times / U_{FV}^{(d)}\right)$ und $\mathrm{H}^2\left(H, F^\times / U_F^{(d)}\right)$

  gib $\mathrm{H}^2\left(\Gamma, (FV)^\times / U_{FV}^{(d)}\right)$ und $\mathrm{H}^2\left(H, F^\times / U_F^{(d)}\right)$ **zurück**

Die drei Schritte aus Abschnitt 6.2 zur Berechnung der kanonischen Klasse können in unserer Situation wie folgt konkretisiert werden. Dabei bezeichnen wir mit $[\gamma]$ die Kohomologieklasse eines Kozykels γ in der entsprechenden zweiten Kohomologiegruppe.

Zu Schritt (1):
Der Erzeuger τ von $\mathrm{Gal}(FV/K)$ eingeschränkt auf V entspricht dem Frobenius-Automorphismus und wir identifizieren damit die Nebenklasse von t in der endlich präsentierten Gruppe

$C \cong \mathrm{Gal}(V/K)$. Die Abbildung $\gamma_1 : C \times C \to V^\times$ wird definiert durch

$$\gamma_1(t^i, t^j) := \begin{cases} 1 & \text{wenn } i+j < [V:K] \\ \pi & \text{wenn } i+j \geq [V:K]. \end{cases} \tag{6.2}$$

Sie ist ein Kozykel und repräsentiert die kanonische Klasse in $\mathrm{H}^2(C, V^\times)$ (siehe z.B. §30 und §31 in [25]).

Zu Schritt (2):
Ein Repräsentant für das Bild von $[\gamma_1]$ unter dem Homomorphismus

$$\mathrm{H}^2(C, V^\times) \xrightarrow{\inf_1} \mathrm{H}^2(\Gamma, (FV)^\times) \to \mathrm{H}^2\left(\Gamma, (FV)^\times / U_{FV}^{(d)}\right)$$

lässt sich als Komposition von mehreren Abbildungen konstruieren:

$$\gamma_2 : \Gamma \times \Gamma \to C \times C \xrightarrow{\gamma_1} V^\times \to (FV)^\times \to (FV)^\times / U_{FV}^{(d)}.$$

Der erste und der letzte Pfeil stehen für den jeweiligen natürlichen Homomorphismus von der Gruppe auf die Faktorgruppe. Der dritte Pfeil ist die Inklusion $V \subseteq FV$. Wir müssen also für Schritt (2) keine der Gruppen $\mathrm{H}^2(C, V^\times)$ und $\mathrm{H}^2(\Gamma, (FV)^\times)$ berechnen.

Zu Schritt (3):
Wir müssen einen Kozykel γ_3 mit $\inf_3([\gamma_3]) = [\gamma_2]$ für die Inflations-Abbildung

$$\inf_3 : \mathrm{H}^2\left(H, F^\times / U_F^{(d)}\right) \to \mathrm{H}^2\left(\Gamma, (FV)^\times / U_{FV}^{(d)}\right)$$

finden, wobei wir die beiden Kohomologiegruppen explizit gegeben haben. Dafür sei $[\mu_1], \ldots, [\mu_h]$ ein Erzeugendensystem der abelschen Gruppe $\mathrm{H}^2(H, F^\times / U_F^{(d)})$. Wir rechnen multiplikativ, weil die Verknüpfung in $\mathrm{H}^2(H, F^\times / U_F^{(d)})$ von der Multiplikation in $F^\times$ induziert wird. Wegen Lemma 6.11 hat $[\gamma_2] \in \mathrm{H}^2(\Gamma, (FV)^\times / U_{FV}^{(d)})$ eine eindeutige Darstellung

$$[\gamma_2] = \inf_3([\mu_1])^{e_1} \cdot \ldots \cdot \inf_3([\mu_h])^{e_h}$$

für geeignete ganze Zahlen e_i. Damit gilt für die gesuchte Klasse $[\gamma_3] \in \mathrm{H}^2(H, F^\times / U_F^{(d)})$, dass

$$[\gamma_3] = [\mu_1]^{e_1} \cdot \ldots \cdot [\mu_h]^{e_h}$$

ist. Die Bilder $\inf_3([\mu_i])$ lassen sich wie in Schritt (2) über die Komposition

$$\Gamma \times \Gamma \to H \times H \xrightarrow{\mu_i} F^\times \to (FV)^\times \to (FV)^\times / U_{FV}^{(d)}$$

ermitteln.

Wir fassen das Verfahren zu einer letzten Unterfunktion zusammen:

Kapitel 6. Galoisgruppen   99

KanonischeKlasse $\left(\mathrm{H}^2\left(\Gamma, (FV)^\times/U_{FV}^{(d)}\right), \mathrm{H}^2\left(H, F^\times/U_F^{(d)}\right), C\right)$

konstruiere $\gamma_1 : C \times C \to V^\times$ wie in (6.2)

konstruiere die Komposition

$$\gamma_2 : \Gamma \times \Gamma \to C \times C \xrightarrow{\gamma_1} V^\times \to (FV)^\times \to (FV)^\times/U_{FV}^{(d)}$$

finde einen Kozykel $\gamma_3 : H \times H \to F^\times/U_F^{(d)}$ mit $\inf_3([\gamma_3]) = [\gamma_2]$

gib γ_3 zurück

Aus der Gruppe H, dem H-Modul $F^\times/U_F^{(d)}$ und dem Kozykel γ_3 können wir jetzt die Erweiterung

$$F^\times/U_F^{(d)} \xhookrightarrow{\mu} E \twoheadrightarrow H$$

als endlich präsentierte Gruppe erzeugen. Auch hierfür benutzen wir die in MAGMA [5] vorhandenen Methoden (vgl. noch einmal [15]). Sei μ der Epimorphismus von $F^\times/U_F^{(d)}$ nach E.

Nach Abschnitt 6.2 beschreibt

$$R := \bigcap_{\sigma \in \mathrm{Gal}(F/K)} \sigma(\mathcal{N}(LT/F)) \leq F^\times$$

per Klassenkörpertheorie die Erweiterung N/F. Um zu unserer Gruppe $G \cong \mathrm{Gal}(f(x)) = \mathrm{Gal}(N/K)$ zu gelangen, berechnen wir die Gruppe $\mathcal{N}(LT/F)$ als Untergruppe von $F^\times/U_F^{(d)}$ und führen die entsprechende Rechnung in der Gruppe E durch: Wir setzen

$$\tilde{R} := \bigcap_{h \in \mathcal{H}} (h^{-1} \cdot \mu(\mathcal{N}(LT/F)) \cdot h),$$

wobei $\mathcal{H}$ ein Repräsentantensystem der Faktorgruppe H in E ist. $\tilde{R}$ ist Normalteiler von E und wir definieren $G := E/\tilde{R}$. Jetzt ist G die Erweiterung

$$F^\times/R \hookrightarrow G \twoheadrightarrow H,$$

die nach Abschnitt 6.2 äquivalent ist zu

$$\mathrm{Gal}(N/F) \hookrightarrow \mathrm{Gal}(f(x)) \twoheadrightarrow \mathrm{Gal}(F/K),$$

wenn wir $\mathrm{Gal}(N/F)$ mit $F^\times/R$ und $\mathrm{Gal}(F/K)$ mit H identifizieren.

Insgesamt haben wir den folgenden Algorithmus entwickelt:

Algorithmus 6.3 (Galoisgruppe bei zwei Segmenten)

Input:
Ein Eisensteinpolynom $f(x) \in K[x]$ mit zweisegmentigem Verzweigungspolygon.

Output:
Eine endlich präsentierte Gruppe G, die isomorph zu $\mathrm{Gal}(f(x))$ bzw. äquivalent zu $\mathrm{Gal}(f(x))$ ist als Gruppenerweiterung im Sinne von Abschnitt 6.2.

$GaloisGruppeZweiSegmente(f(x))$

(1) bestimme mit $Körpertürme(f(x))$ den Turm $LT/F/K$ anhand von $\mathcal{V}_{f(x)}$ und das Kompositum FV/K mit der unverzweigten Erweiterung V/K vom Grad $[F:K]$

(2) bestimme mit $GruppenPlusAutomorphismen(FV/K)$ die endlichen Präsentationen

$$\Gamma \cong \mathrm{Gal}(FV/K), H \cong \mathrm{Gal}(F/K) \text{ und } C \cong \mathrm{Gal}(V/K),$$

sowie Automorphismen zu den Erzeugern von Γ und H (Listen $\mathcal{A}_\Gamma$ und $\mathcal{A}_H$)

(3) bestimme mit $KohomologieGruppen(\Gamma, \mathcal{A}_\Gamma, H, \mathcal{A}_H, FV, F)$ die Gruppen

$$\mathrm{H}^2\left(\Gamma, (FV)^\times/U_{FV}^{(d)}\right) \text{ und } \mathrm{H}^2\left(H, F^\times/U_F^{(d)}\right)$$

(4) bestimme mit

$$KanonischeKlasse\left(\mathrm{H}^2\left(\Gamma, (FV)^\times/U_{FV}^{(d)}\right), \mathrm{H}^2\left(H, F^\times/U_F^{(d)}\right), C\right)$$

einen Repräsentanten γ_3 der kanonischen Klasse in $\mathrm{H}^2\left(H, F^\times/U_F^{(d)}\right)$

(5) konstruiere die Erweiterung $F^\times/U_F^{(d)} \stackrel{\mu}{\hookrightarrow} E \twoheadrightarrow H$ zu γ_3

(6) berechne

$$\tilde{R} := \bigcap_{h \in \mathcal{H}} (h^{-1} \cdot \mu(\mathcal{N}(LT/F)) \cdot h) \leq E,$$

wobei $\mathcal{H}$ ein Repräsentantensystem von H in E ist, und setze $G := E/\tilde{R}$

(7) **gib G zurück**

Zum besseren Verständnis von Algorithmus 6.3 diskutieren wir ein ausführliches Beispiel:

Beispiel 6.2
Wir betrachten das Eisensteinpolynom $f(x) = x^9 + 3x^6 + 9x + 3 \in \mathbb{Q}_3[x]$. Mit $L/\mathbb{Q}_3$ bezeichnen wir wie immer die von $f(x)$ erzeugte Erweiterung. Das Verzweigungspolygon, die assoziierten Polynome über $\mathbb{F}_3$ und der entsprechende Körperturm sind in Abbildung 6.8 dargestellt.

Kapitel 6. Galoisgruppen 101

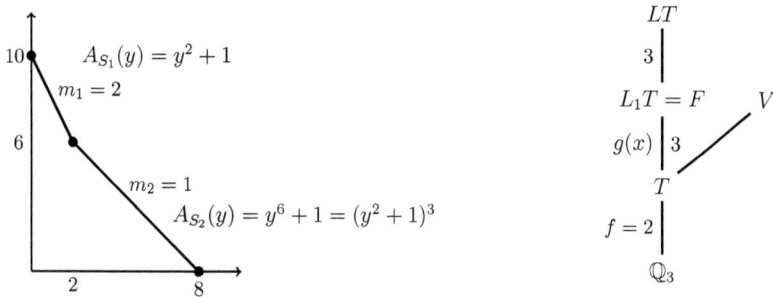

Abbildung 6.8: $f(x) = x^9 + 3x^6 + 9x + 3 \in \mathbb{Q}_3[x]$

Beide Segmente haben assoziierte Trägheit 2 und ganzzahlige Steigungen, darum ist der Körper T aus Satz 5.8 die unverzweigte Erweiterung vom Grad 2. Im Körperturm sind die Erweiterungen $F/\mathbb{Q}_3$ und LT/F galoissch. Sei $g(x) \in T[x]$ das Eisensteinpolynom für die Erweiterung F/T mit den Nullstellen $\alpha_1, \alpha_2, \alpha_3$ und $V/\mathbb{Q}_3$ die unverzweigte „Hilfserweiterung" vom Grad 6. Dann können wir das Kompositum FV vom Grad 18 über $\mathbb{Q}_3$ als $FV = \mathbb{Q}_3(\alpha_1, \zeta)$ darstellen für eine primitive $(3^6 - 1)$-te Einheitswurzel ζ. Algorithmus 6.2 berechnet nun die endliche Präsentation

$$\Gamma = \langle t, a_1 | t^6 = a_1^3 = 1, a_1^t = a_1^2 \rangle \cong C_3 \rtimes C_6$$

für $\mathrm{Gal}(FV/\mathbb{Q}_3)$ mit den zugeordneten Automorphismen $\tau : \alpha_1 \mapsto \alpha_1, \zeta \mapsto \zeta^3$ und $\sigma_1 : \alpha_1 \mapsto \alpha_2, \zeta \mapsto \zeta$. Mit $F = \mathbb{Q}_3(\alpha_1, \zeta^{\frac{3^6-1}{3^2-1}})$ als Teilkörper von FV und Lemma 6.12 erhalten wir

$$H = \Gamma/\langle t^2 \rangle = \langle t, a_1 | t^2 = a_1^3 = 1, a_1^t = a_1^2 \rangle \cong C_3 \rtimes C_2 \cong S_3$$

mit den entsprechenden auf F eingeschränkten Automorphismen als Beschreibung von $\mathrm{Gal}(F/\mathbb{Q}_3)$, sowie $C = \Gamma/\langle a_1 \rangle = \langle t | t^6 = 1 \rangle$ für $\mathrm{Gal}(V/\mathbb{Q}_3)$. Damit kennen wir die Faktorgruppe für unsere Gruppenerweiterung samt Operation. Als H- bzw. Γ-Modul nehmen wir in diesem Beispiel die Gruppe $F^\times/U_F^{(5)}$ bzw. $(FV)^\times/U_{FV}^{(5)}$, weil $d = \lfloor \frac{3 \cdot 3}{2} \rfloor + 1 = 5$ ist (vgl. Lemma 6.13). MAGMA berechnet

$$F^\times/U_F^{(5)} \cong C_3^4 \times C_9^2 \times C_{3^2-1} \times C_\infty \text{ und } (FV)^\times/U_{FV}^{(5)} \cong C_3^{12} \times C_9^6 \times C_{3^6-1} \times C_\infty.$$

Dabei werden die unendlichen Anteile vom Primelement erzeugt und die Gruppen C_{3^2-1} und C_{3^6-1} korrespondieren zur multiplikativen Gruppe des jeweiligen Restklassenkörpers (vgl. Satz 2.22). Für die Kohomologiegruppen erhält man

$$\mathrm{H}^2\left(H, F^\times/U_F^{(5)}\right) \cong C_3 \times C_6 \text{ und } \mathrm{H}^2\left(\Gamma, (FV)^\times/U_{FV}^{(5)}\right) \cong C_3 \times C_{18}.$$

Jetzt bestimmen wir anhand des Diagrammes in Abbildung 6.4 das Bild der kanonische Klasse unter

$$H^2(H, F^\times) \to H^2\left(H, F^\times/U_F^{(5)}\right)$$

und damit den korrekten Kozykel für unsere Erweiterung. Einen Repräsentanten $\gamma_1 : C \times C \to V^\times$ der kanonischen Klasse in $H^2(C, V^\times)$ kann man direkt hinschreiben:

$$\gamma_1(t^i, t^j) := \begin{cases} 1 & \text{wenn} \quad i+j < 6 \\ 3 & \text{wenn} \quad i+j \geq 6. \end{cases}$$

Daraus wird nun wie beschrieben in zwei Schritten der gewünschte Kozykel $\gamma_3 : H \times H \to F^\times/U_F^{(5)}$ bestimmt. Für γ_2 und γ_3 lassen sich leider keine schönen geschlossenen Formeln angeben. Es sei nur bemerkt, dass γ_3 nicht in $B^2\left(H, F^\times/U_F^{(5)}\right)$ liegt, also nicht zur zerfallenden Erweiterung führt. Die Gruppe E ist nun eine Erweiterung der Form

$$C_3^4 \times C_9^2 \times C_{3^2-1} \times C_\infty \hookrightarrow E \twoheadrightarrow S_3.$$

Die Normgruppe $\mathcal{N}(LT/F)$ hat Index 3 in $F^\times$, weil die Erweiterung LT/F abelsch vom Grad 3 ist. Außerdem ist nach Lemma 6.13 $\mathcal{N}(LT/F) \geq U_F^{(5)}$. Für die Normgruppe $R \leq F^\times$ der normalen Hülle N von LT/K gilt in unserem Beispiel $F^\times/R \cong C_3 \times C_3$. Das heißt, LT/F wird von den Automorphismen in $\text{Gal}(F/\mathbb{Q}_3)$ einmal echt „kopiert". Dieses Kopieren führen wir bei der Berechnung von $\tilde{R}$ in der Gruppe E durch. Unser Ergebnis $G = E/\tilde{R}$ ist nun eine Gruppenerweiterung

$$C_3 \times C_3 \hookrightarrow G \twoheadrightarrow S_3.$$

Es handelt sich jetzt sogar um die zerfallende Erweiterung $(C_3 \times C_3) \rtimes S_3$, weil der zugehörige Kozykel (das Bild von γ_3 unter $H^2(H, F^\times/U_F^{(5)}) \to H^2(H, F^\times/R)$) trivial ist in $H^2(H, F^\times/R)$. Die Gruppe G ist isomorph zur Galoisgruppe $9T_{11}$ von $f(x)$ als Permutationsgruppe auf den Nullstellen, die man in der Datenbank [18] finden kann.

Die in MAGMA implementierte Version von Algorithmus 6.3 benötigt für dieses Beispiel eine Rechenzeit von 1,77 Sekunden (vgl. Kapitel 7). •

Kapitel 7

Beispiele

Die in diesem Buch vorgestellten Algorithmen zur Galoisgruppenberechnung wurden im Computer-Algebra-System MAGMA [5] implementiert und in zahlreichen Beispielen getestet. Die meisten Beispiele sind der Online-Datenbank [18] von John Jones und David Roberts entnommen. Sie enthält komplette Tabellen aller Erweiterungen vom Grad n von $\mathbb{Q}_p$, teilweise mit Angabe der Galoisgruppe in der Nummerierung der transitiven Permutationgruppen nach [4]. Für $p \mid n$ und $n \neq p$ wird maximal Grad $n = 10$ unterstützt. Mit unseren Verfahren lässt sich für alle zahm verzweigten Erweiterungen (Algorithmus 3.1) sowie für alle rein verzweigten Erweiterungen (Algorithmen 6.1 und 6.3) der Datenbank die Galoisgruppe berechnen. Einzige Ausnahme bilden Grad-8-Erweiterungen über $\mathbb{Q}_2$, die drei Segmente im Verzweigungspolygon haben.

Andererseits geht die Reichweite der Algorithmen 6.1 und 6.3 für Eisensteinpolynome mit ein- bzw. zweisegmentigem Verzweigungspolygon aber auch weit über die Datenbank hinaus. Es kann z.B. die Galoisgruppe eines beliebigen Eisensteinpolynoms vom Grad p^2 über $K \supseteq \mathbb{Q}_p$ bestimmt werden.

In diesem Kapitel betrachten wir konkrete Eisensteinpolynome über p-adischen Körpern und geben die von unseren Algorithmen berechnete Galoisgruppe zusammen mit der benötigten Rechenzeit an. Dabei legen wir keinen Wert darauf, alle Erweiterungen eines Grades abzuarbeiten, sondern möchten möglichst viele verschiedene und interessante Galoisgruppen treffen. Alle Berechnungen wurden auf einem 2,26 GHz Prozessor unter Linux durchgeführt.

7.1 Polynome mit einem Segment

Die Tabellen 7.1, 7.2, 7.3 und 7.4 enthalten Polynome $f(x) \in \mathbb{Q}_p[x]$ vom Grad p^m, bei denen $\mathcal{V}_{f(x)}$ aus genau einem Segment besteht. Zu jedem Polynom werden der Verzweigungsindex e und der Trägheitsgrad f des Zerfällungskörpers sowie die Laufzeit der Berechnung in Sekunden angegeben. Die Zahl 0 steht für eine Laufzeit unter einer hundertstel Sekunde. Zur Bestimmung der Galoisgruppe wurde Algorithmus 6.1 benutzt. In den Tabellen geben wir Erzeuger der Gruppe $H' \leq \mathrm{GL}(m, p)$ an, die das semidirekte Produkt $\mathrm{Gal}(f(x)) = C_p^m \rtimes H$ eindeutig bestimmt (vgl. Satz 6.3). Zusätzlich stellen wir bei Polynomen vom Grad kleiner gleich 30 die Beschreibung der Galoisgruppe in der Klassifizierung der transitiven Permutationgruppen nach [4] zur Verfügung.

Kapitel 7. Beispiele

Polynom	e	f	Gruppe		Laufz.
$x^4 + 2x + 2$	$3 \cdot 2^2$	2	$\begin{pmatrix} 0 & 1 \\ 1 & 1 \end{pmatrix}, \begin{pmatrix} 1 & 0 \\ 1 & 1 \end{pmatrix}$	$4T_5$	0
$x^4 + 2x^3 + 2x^2 + 2$	2^2	3	$\begin{pmatrix} 0 & 1 \\ 1 & 1 \end{pmatrix}$	$4T_4$	0
$x^4 + 2x^3 + 2$	2^2	2	$\begin{pmatrix} 1 & 0 \\ 1 & 1 \end{pmatrix}$	$4T_3$	0
$x^8 + 2x + 2$	$7 \cdot 2^3$	3	$\begin{pmatrix} 0 & 1 & 0 \\ 0 & 0 & 1 \\ 1 & 1 & 0 \end{pmatrix}, \begin{pmatrix} 1 & 0 & 0 \\ 0 & 0 & 1 \\ 0 & 1 & 1 \end{pmatrix}$	$8T_{36}$	0
$x^8 + 2x^7 + 2$	2^3	3	$\begin{pmatrix} 1 & 0 & 0 \\ 0 & 0 & 1 \\ 0 & 1 & 1 \end{pmatrix}$	$8T_{13}$	0
$x^8 + 2x^7 + 2x^6 + 2$	2^3	7	$\begin{pmatrix} 0 & 1 & 1 \\ 1 & 0 & 0 \\ 0 & 1 & 0 \end{pmatrix}$	$8T_{25}$	0,01
$x^8 - 6x^7 + 70x^6 + 372x^5 + 638x^4 + 504x^3 + 192x^2 + 32x + 2$	2^3	4	$\begin{pmatrix} 0 & 1 & 0 \\ 1 & 0 & 1 \\ 0 & 0 & 1 \end{pmatrix}$	$8T_{19}$	0
$x^{16} + 4x^7 + 2$	$15 \cdot 2^4$	4	$\begin{pmatrix} 1 & 0 & 1 & 0 \\ 0 & 1 & 0 & 1 \\ 1 & 1 & 1 & 0 \\ 0 & 1 & 1 & 1 \end{pmatrix}, \begin{pmatrix} 1 & 0 & 0 & 0 \\ 0 & 0 & 1 & 0 \\ 1 & 1 & 0 & 0 \\ 0 & 0 & 1 & 1 \end{pmatrix}$	$16T_{1079}$	0

Tabelle 7.1: Beispiele über $\mathbb{Q}_2$ mit einem Segment

Polynom	e	f	Gruppe		Laufz.
$x^9 + 3x^2 + 3$	$4 \cdot 3^2$	2	$\begin{pmatrix} 1 & 1 \\ 1 & 2 \end{pmatrix}, \begin{pmatrix} 0 & 1 \\ 2 & 0 \end{pmatrix}$	$9T_{14}$	0
$x^9 + 3x^2 + 6$	$4 \cdot 3^2$	2	$\begin{pmatrix} 1 & 1 \\ 1 & 2 \end{pmatrix}, \begin{pmatrix} 1 & 0 \\ 1 & 2 \end{pmatrix}$	$9T_{16}$	0
$x^9 + 3x^4 + 6$	$2 \cdot 3^2$	2	$\begin{pmatrix} 2 & 0 \\ 0 & 2 \end{pmatrix}, \begin{pmatrix} 0 & 1 \\ 2 & 0 \end{pmatrix}$	$9T_9$	0
$x^9 + 6x^4 + 6x^3 + 3$	$2 \cdot 3^2$	3	$\begin{pmatrix} 2 & 0 \\ 0 & 2 \end{pmatrix}, \begin{pmatrix} 1 & 2 \\ 0 & 1 \end{pmatrix}$	$9T_{11}$	0
$x^9 + 3x^4 + 3x^3 + 3$	$2 \cdot 3^2$	4	$\begin{pmatrix} 2 & 0 \\ 0 & 2 \end{pmatrix}, \begin{pmatrix} 1 & 2 \\ 2 & 0 \end{pmatrix}$	$9T_{15}$	0
$x^9 + 3x^7 + 6x^6 + 6$	$8 \cdot 3^2$	2	$\begin{pmatrix} 2 & 1 \\ 1 & 0 \end{pmatrix}, \begin{pmatrix} 2 & 1 \\ 1 & 1 \end{pmatrix}$	$9T_{19}$	0
$x^9 + 3x^8 + 3x^6 + 3$	3^2	3	$\begin{pmatrix} 1 & 2 \\ 0 & 1 \end{pmatrix}$	$9T_7$	0
$x^{81} + 3x^{80} + 3x^{70} + 3x^{60} + 3x^{50} + 3x^{40} + 3x^{30} + 3x^{20} + 3x^{10} + 3$	$8 \cdot 3^4$	4	$\begin{pmatrix} 1 & 0 & 2 & 2 \\ 2 & 1 & 0 & 1 \\ 1 & 2 & 1 & 1 \\ 1 & 1 & 2 & 2 \end{pmatrix}, \begin{pmatrix} 1 & 0 & 0 & 0 \\ 0 & 0 & 0 & 1 \\ 1 & 1 & 1 & 1 \\ 0 & 2 & 1 & 1 \end{pmatrix}$		0,07
$x^{81} + 3x^{80} + 3x^{70} + 3x^{60} + 3x^{50} + 3x^{40} + 3x^{30} + 3x^{20} + 3x^{10} + 6$	$8 \cdot 3^4$	4	$\begin{pmatrix} 1 & 0 & 2 & 2 \\ 2 & 1 & 0 & 1 \\ 1 & 2 & 1 & 1 \\ 1 & 1 & 2 & 2 \end{pmatrix}, \begin{pmatrix} 0 & 1 & 0 & 0 \\ 1 & 0 & 0 & 1 \\ 1 & 1 & 1 & 2 \\ 1 & 0 & 2 & 2 \end{pmatrix}$		0,07

Tabelle 7.2: Beispiele über $\mathbb{Q}_3$ mit einem Segment

Kapitel 7. Beispiele   107

Polynom	e	f	Gruppe		Laufz.
$x^5 + 5x^2 + 5$	$2 \cdot 5$	2	$\begin{pmatrix} 4 \end{pmatrix}$,	$\begin{pmatrix} 2 \end{pmatrix}$	$5T_5$	0
$x^5 + 5x^4 + 5$	5	2	$\begin{pmatrix} 4 \end{pmatrix}$		$5T_2$	0
$x^{25} + 5x^{15} + 10x^4 + 10$	$6 \cdot 5^2$	2	$\begin{pmatrix} 2 & 2 \\ 1 & 4 \end{pmatrix}$,	$\begin{pmatrix} 3 & 1 \\ 0 & 2 \end{pmatrix}$	$25T_{28}$	0,01
$x^{25} + 5x^{20} + 5x^2 + 5$	$12 \cdot 5^2$	2	$\begin{pmatrix} 3 & 1 \\ 3 & 4 \end{pmatrix}$,	$\begin{pmatrix} 0 & 1 \\ 2 & 0 \end{pmatrix}$	$25T_{25}$	0,01
$x^{25} + 5x^{11} + 5$	$24 \cdot 5^2$	2	$\begin{pmatrix} 2 & 3 \\ 4 & 0 \end{pmatrix}$,	$\begin{pmatrix} 1 & 0 \\ 1 & 4 \end{pmatrix}$	$25T_{56}$	0,01

Tabelle 7.3: Beispiele über $\mathbb{Q}_5$ mit einem Segment

Polynom	e	f	Gruppe		Laufz.
$x^{2809} + 53x + 53 \in \mathbb{Q}_{53}[x]$	$2808 \cdot 53^2$	2	$\begin{pmatrix} 0 & 1 \\ 51 & 4 \end{pmatrix}$,	$\begin{pmatrix} 1 & 0 \\ 4 & 52 \end{pmatrix}$		2,06
$x^{2809} + 53x^{13} + 53 \in \mathbb{Q}_{53}[x]$	$216 \cdot 53^2$	26	$\begin{pmatrix} 23 & 38 \\ 30 & 16 \end{pmatrix}$,	$\begin{pmatrix} 15 & 0 \\ 7 & 38 \end{pmatrix}$		15,82
$x^{3481} + 59x + 59 \in \mathbb{Q}_{59}[x]$	$3480 \cdot 59^2$	2	$\begin{pmatrix} 0 & 1 \\ 57 & 1 \end{pmatrix}$,	$\begin{pmatrix} 1 & 0 \\ 1 & 58 \end{pmatrix}$		2,78
$x^{3481} + 59x^{348} + 59 \in \mathbb{Q}_{59}[x]$	$10 \cdot 59^2$	58	$\begin{pmatrix} 16 & 2 \\ 55 & 18 \end{pmatrix}$,	$\begin{pmatrix} 17 & 0 \\ 17 & 42 \end{pmatrix}$		10,6

Tabelle 7.4: Beispiele über $\mathbb{Q}_{53}$ und $\mathbb{Q}_{59}$ mit einem Segment

7.2 Polynome mit zwei Segmenten

Bei Polynomen mit zwei Segmenten (Tabellen 7.5, 7.6 und 7.7) wurde mit Algorithmus 6.3 eine endliche Präsentation der Galoisgruppe berechnet. Damit ist nur der Isomorphietyp der Gruppe bestimmt. Hier beschreiben wir die Gruppe anhand ihrer Nummer in der „Small Groups Library" (siehe [2]), die in MAGMA und GAP [8] implementiert ist. Sie enthält alle Gruppen der Ordnung n für $n \leq 2000$. Jede Gruppe hat eine Bezeichnung der Form $< n, k >$, wobei k zu einer Nummerierung der Gruppen innerhalb der Ordnung gehört. Wurden endlich präsentierte Gruppen konstruiert, deren Ordnung 2000 übersteigt, schreiben wir nur „$< n, ? >$".

Auch in diesem Fall geben wir zusätzlich die Beschreibung der Galoisgruppe als Permutationsgruppe an, wenn sie bekannt ist.

Polynom	e	f	Gruppe		Laufzeit
$x^4 + 6x^2 + 4x + 6$	2^2	1	$< 4, 2 >$	$4T_2$	0,08
$x^4 + 2x^2 + 4x + 6$	2^2	2	$< 8, 3 >$	$4T_3$	0,1
$x^6 + 10$	$3 \cdot 2$	2	$< 12, 4 >$	$6T_3$	0,68
$x^6 + 2x + 2$	$3 \cdot 2^2$	2	$< 24, 12 >$	$6T_8$	0,62
$x^6 + 6x^4 + 6$	$3 \cdot 2^3$	2	$< 48, 48 >$	$6T_{11}$	0,7
$x^8 + 4x^5 + 2x^4 + 10$	2^3	2	$< 16, 13 >$	$8T_{11}$	0,49
$x^8 + 4x^5 + 6x^4 + 2$	2^4	2	$< 32, 6 >$	$8T_{19}$	0,48
$x^8 + 2x^4 + 4x^3 + 2$	$3 \cdot 2^3$	2	$< 48, 48 >$	$8T_{24}$	23,57
$x^8 + 8x + 2$	2^5	2	$< 64, 138 >$	$8T_{29}$	0,44
$x^8 + 4x^5 + 2x^4 + 4x^2 + 2$	2^5	3	$< 96, 70 >$	$8T_{33}$	0,85
$x^8 + 2x^6 + 2$	2^6	2	$< 128, 928 >$	$8T_{35}$	3,76
$x^8 - 4x^7 - 16x^6 - 8x^5 + 98x^4 - 128x^3 + 76x^2 - 20x + 2$	$3 \cdot 2^5$	2	$< 192, 955 >$	$8T_{41}$	23,77
$x^{10} + 2x^6 - 2$	$5 \cdot 2^5$	4	$< 640, 21536 >$	$10T_{29}$	34,61
$x^{16} + 240x^{15} + 57350x^{14} + 25932x^{13} + 741408x^{12} + 626024x^{11} + 884632x^{10} + 288320x^9 + 912360x^8 + 330656x^7 + 431352x^6 + 615248x^5 + 776x^4 + 675664x^3 + 935604x^2 + 512344x + 358762$	2^7	3	$< 384, 5833 >$		618,87
$x^{16} - 2x^{14} + 2$	2^{11}	3	$< 6144, ? >$		522,51

Tabelle 7.5: Beispiele über $\mathbb{Q}_2$ mit zwei Segmenten

Polynom	e	f	Gruppe		Laufzeit
$x^9 + 3x^8 + 3x^7 + 6x^3 + 6$	$2 \cdot 3^2$	1	$< 18, 3 >$	$9T_4$	3,36
$x^9 + 9x^7 + 6x^6 + 18x^5 + 3$	3^2	3	$< 27, 4 >$	$9T_6$	0,31
$x^9 + 3x^6 + 9x + 3$	3^3	2	$< 54, 5 >$	$9T_{11}$	1,77
$x^9 + 6x^6 + 9x + 3$	3^3	3	$< 81, 7 >$	$9T_{17}$	0,3
$x^9 + 6x^5 + 3x^3 + 3$	$2 \cdot 3^3$	2	$< 108, 17 >$	$9T_{18}$	46,42
$x^9 + 6x^6 + 18x + 6$	3^3	6	$< 162, 10 >$	$9T_{20}$	1,79
$x^9 + 3x^3 + 9x^2 + 3$	$2 \cdot 3^4$	2	$< 324, 39 >$	$9T_{24}$	47,39
$x^{18} + 47928x^{16} + 92898x^{14} + 73497x^{12} + 31635x^{10} + 8181x^8 + 783x^6 + 270x^4 + 3$	$2 \cdot 3^2$	3	$< 54, 10 >$		0,94
$x^{27} + 13122x^{25} + 58452x^{24} + 26244x^{23} + 2106x^{22} + 30456x^{21} + 57105x^{20} + 21321x^{19} + 45441x^{18} + 1215x^{17} + 44766x^{16} + 6561x^{15} + 33804x^{14} + 36612x^{13} + 19116x^{12} + 41391x^{11} + 31104x^{10} + 51111x^9 + 30618x^8 + 40824x^7 + 49329x^6 + 44469x^5 + 7533x^4 + 1620x^3 + 2187x^2 + 33534x + 15738$	3^7	4	$< 8748, ? >$		1125
$x^{27} + 6561x^{25} + 3x^{24} + 6561x^{23} + 81x^{22} + 81x^{21} + 243x^{20} + 9x^{19} + 243x^{18} + 243x^{17} + 27x^{16} + 6561x^{15} + 27x^{14} + 81x^{13} + 81x^{12} + 81x^{11} + 243x^{10} + 81x^9 + 2187x^8 + 729x^7 + 243x^6 + 729x^5 + 243x^4 + 81x^3 + 2187x^2 + 729x + 3$	3^8	4	$< 26244, ? >$		2683

Tabelle 7.6: Beispiele über $\mathbb{Q}_3$ mit zwei Segmenten

Kapitel 7. Beispiele

Polynom	e	f	Gruppe		Laufz.
$x^{10} + 5x^2 + 5$	$4 \cdot 5$	1	$< 20, 3 >$	$10T_4$	0,33
$x^{10} - 20x^5 + 15x^4 + 5$	$2 \cdot 5$	5	$< 50, 3 >$	$10T_6$	0,1
$x^{10} - 15x^6 - 20x^5 + 5$	$4 \cdot 5^2$	1	$< 100, 12 >$	$10T_{10}$	0,36
$x^{10} - 5x^6 - 10x^5 + 5$	$4 \cdot 5^2$	2	$< 200, 42 >$	$10T_{17}$	5,91
$x^{25} + 75x^{23} + 180x^{20} + 9764275x^{19} + 75x^{18} + 9760450x^{16} + 6200x^{15} + 9760000x^{13} + 30375x^{12} + 2025x^{11} + 9763250x^{10} + 50625x^9 + 5775x^8 + 33750x^6 + 2850x^5 + 7800x^3 + 9765620$	5^3	5	$< 625, 7 >$		4,47
$x^{25} + 2500x^{21} + 1380x^{20} + 40000x^{17} + 43600x^{16} + 11875x^{15} + 240000x^{13} + 382000x^{12} + 192400x^{11} + 30175x^{10} + 640000x^9 + 1320000x^8 + 942000x^7 + 266000x^6 + 662400x^5 + 1600000x^4 + 1440000x^3 + 544000x^2 + 63500x - 4255$	5^5	5	$< 15625, ? >$	$C_5 \wr C_5$	4,4
$x^{25} + 2500x^{21} + 1120x^{20} + 9725625x^{17} + 9729225x^{16} + 9757350x^{15} + 240000x^{13} + 338000x^{12} + 168600x^{11} + 29275x^{10} + 9125625x^9 + 8525625x^8 + 8787625x^7 + 9404625x^6 + 588850x^5 + 1600000x^4 + 1760000x^3 + 1036000x^2 + 325500x + 43245$	5^5	10	$< 31250, ? >$		38,95

Tabelle 7.7: Beispiele über $\mathbb{Q}_5$ mit zwei Segmenten

7.3 Bemerkungen zur Implementierung

Zur Berechnung der Beispiele bei zwei Segmenten wurde eine leicht modifizierte Version von Algorithmus 6.3 verwendet. Darin wird die kanonische Klasse (vgl. Satz 6.9) nicht mit dem in Abschnitt 6.2 beschriebenen Standard-Ansatz bestimmt, sondern es wird ein gerade neu entwickeltes Verfahren von Ruben Debeerst benutzt (siehe [6]). Dadurch konnten deutlich bessere Laufzeiten erreicht werden.

Die Komplexität von Algorithmus 6.1 für Polynome mit einsegmentigem Verzweigungspolygon wurde in Satz 6.5 angegeben. Die tatsächliche Laufzeit ist abhängig von der Größe des endlichen Körpers, in dem die Berechnungen stattfinden, und vom Grad des assoziierten Polynoms, das faktorisiert werden muss. Hat der Grundkörper einen zu $\mathbb{F}_q$ isomorphen Restklassenkörper, so wird im Algorithmus im Körper $\mathbb{F}_{q^f}$ gerechnet, wobei f nach Korollar 5.4 durch den Grad des Polynoms nach oben beschränkt ist. Weil keinerlei Rechenoperationen in einem p-adischen Körper durchgeführt werden, ist Algorithmus 6.1 deutlich schneller als Algorithmus 6.3 für zwei Segmente.

Bei Algorithmus 6.3 hat der Grad des Zwischenkörpers F (vgl. Abschnitt 6.3) über $\mathbb{Q}_p$ den größten Einfluss auf die Laufzeit. Denn für F muss die multiplikative Gruppe $F^\times/U_F^{(d)}$ und die kanonische Klasse in $\mathrm{H}^2(\mathrm{Gal}(F/K), F^\times/U_F^{(d)})$ bestimmt werden. Dieser Grad ist wiederum abhängig vom Grundkörper, von der Länge des zweiten Segmentes und von der Größe des Körpers T, der von Algorithmus 5.1 (p-Reduktion) ermittelt wird. Am schnellsten ist das Verfahren bei Polynomen über $\mathbb{Q}_p$, deren Polygon ganzzahlige Steigungen und zerfallende assoziierte Polynome hat, so dass nur noch eine p-Gruppe berechnet werden muss (vgl. Satz 5.8).

Für Polynome, bei denen $[F : \mathbb{Q}_p]$ größer als 40 ist, ist Algorithmus 6.3 nicht mehr praktikabel. In diesen Fällen dauern die Kohomologie-Berechnungen mehrere Tage. Daher ist es ratsam, bei Polynomen höheren Grades zunächst das Verzweigungspolygon zu bestimmen und die p-Reduktion durchzuführen (beides ist in polynomieller Zeit möglich), um $[F : \mathbb{Q}_p]$ zu ermitteln. Danach kann entschieden werden, ob Algorithmus 6.3 oder z.B. eine Zerfällungskörperberechnung durchgeführt wird.

Literaturverzeichnis

[1] E. Artin, J. Tate: *Class Field Theory*. AMS Chelsea Publishing, Providence (1990)

[2] H. U. Besche, B. Eick, E. A. O'Brian: The groups of order at most 2000. *Electronic Res. Announc. Amer. Math. Soc.*, 7: 1-4 (2001)

[3] W. Bley, M. Breuning: Exact algorithms for p-adic fields and epsilon constant conjectures. *Illinois Journal of Mathematics (52)*, 3: 773-797 (2008)

[4] G. Butler, J. McKay: The transitive groups of degree up to eleven. *Comm. Algebra (11)*, 8: 863-911 (1983)

[5] J. Cannon, W. Bosma (Ed.): *Handbook of Magma Functions*. Edition 2.13 (2006)

[6] R. Debeerst: Algorithmic proof of the epsilon constant conjecture. *Preprint* (2010)

[7] I. B. Fesenko, S. V. Vostokov: *Local Fields and Their Extensions*. AMS, Rhode Island (1993)

[8] The GAP Group, GAP – Groups, Algorithms, and Programming, Version 4.4.12, http://www.gap-system.org (2008)

[9] J. von zur Gathen, J. Gerhard: *Modern Computer Algebra*. Cambridge University Press, Cambridge (2003)

[10] J. von zur Gathen, V. Shoup: Computing Frobenius maps and factoring polynomials. *Computational Complexity*, 2: 187-224 (1992)

[11] J. Guardia, J. Montes, E. Nart: Higher Newton polygons and integral bases. arXiv:0902.3428v1 (2009)

[12] H. Hasse: *Number Theory*. Springer Verlag, Berlin (1980)

[13] C. Helou: *Non Galois Ramification Theory for Local Fields*. Fischer Verlag, München (1990)

[14] F. Hess, S. Pauli, M. E. Pohst: Computing the multiplicative group of residue class rings. *Mathematics of Computation (72)*, 243: 1531-1548 (2003)

[15] D. Holt: Cohomology and group extensions in Magma. *Discovering mathematics with Magma* (Ed.: W. Bosma, J. Cannon), Springer Verlag (2006)

[16] B. Huppert: *Endliche Gruppen I*. Springer Verlag, Berlin (1967)

[17] K. Iwasawa: *Local Class Field Theory*. Oxford University Press, New York (1986)

[18] J. Jones, D. Roberts: A database of local fields. *Journal of Symbolic Computation (41)*, 1: 80-97 (2006)

[19] E. Kaltofen, V. Shoup: Subquadratic-time factoring of polynomials over finite fields. *Mathematics of Computation*, 67: 1179-1197 (1998)

[20] J. Klüners: On Computing Subfields. A Detailed Description of the Algorithm. *Journal de Theorie des Nombres de Bordeaux*, 10: 243-271 (1998)

[21] H. Koch: *Algebraic Number Theory*. Springer Verlag, Berlin (1997)

[22] M. Krasner: Sur la primitivité des corps p-adiques. *Mathematica (Cluj)*, 13: 72-191 (1937)

[23] S. Lang: *Algebra*. Springer Verlag, New York (2002)

[24] F. Lorenz: *Einführung in die Algebra I*. BI Wissenschaftsverlag, Mannheim (1987)

[25] F. Lorenz: *Einführung in die Algebra II*. BI Wissenschaftsverlag, Mannheim (1990)

[26] P. Müller: *Cofinite Integral Hilbert Sets*. Habilitationsschrift, Heidelberg (1999)

[27] J. Neukirch: *Algebraic Number Theory*. Springer Verlag, Berlin (1999)

[28] J. Neukirch, A. Schmidt, K. Wingberg: *Cohomology of Number Fields*. Springer Verlag, Berlin (2000)

[29] W. Narkiewicz: *Elementary and Analytic Theory of Algebraic Numbers*. Springer Verlag, Berlin (2004)

[30] Ö. Ore: Newtonsche Polynome in der Theorie der algebraischen Körper. *Mathematische Annalen*, 99: 84-117 (1928)

[31] S. Pauli: Constructing class fields over local fields. *Journal de Theorie des Nombres de Bordeaux*, 18: 627-652 (2006)

[32] S. Pauli: *Efficient Enumerating of Extensions of Local Fields with Bounded Discriminant.* Dissertation, Montreal (2001)

[33] S. Pauli: Factoring polynomials over local fields. *Journal of Symbolic Computation (32),* 5: 533-547 (2001)

[34] M. Pohst, H. Zassenhaus: *Algorithmic algebraic number theory.* Cambridge University Press, Cambridge (1997)

[35] D. Robinson: *A Course in the Theory of Groups.* Springer Verlag, New York (1996)

[36] D. Romano: *Galois groups of strongly Eisenstein polynomials.* Dissertation, UC Berkeley (2000)

[37] I. Shavarevich: On Galois groups of p-adic fields. *C. R. (Doklady) Acad. Sci. URSS (N.S.),* 53: 15-16 (1946)

[38] J. Scherk: The Ramification Polygon for Curves over a Finite Field. *Canadian Mathematical Bulletin (46),* 1: 149-156 (2003)

[39] J.-P. Serre: *Local Fields.* Springer Verlag, Berlin (1979)

[40] R. Stauduhar: The determination of Galois groups. *Mathematics of Computation,* 27: 981-996 (1973)

I want morebooks!

Buy your books fast and straightforward online - at one of world's fastest growing online book stores! Environmentally sound due to Print-on-Demand technologies.

Buy your books online at
www.morebooks.shop

Kaufen Sie Ihre Bücher schnell und unkompliziert online – auf einer der am schnellsten wachsenden Buchhandelsplattformen weltweit! Dank Print-On-Demand umwelt- und ressourcenschonend produziert.

Bücher schneller online kaufen
www.morebooks.shop

KS OmniScriptum Publishing
Brivibas gatve 197
LV-1039 Riga, Latvia
Telefax:+371 686 204 55

info@omniscriptum.com
www.omniscriptum.com

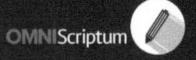

Printed by Books on Demand GmbH, Norderstedt / Germany